U0142774

圖解
系列

圖解

行銷學

第五版

戴國良 博士 著

五南圖書出版公司 印行

 自序

　　「行銷學」幾乎是每個行業都需要應用的專業知識，而且在公司各部門當中，亦扮演舉足輕重的角色。因為一個出色的行銷團隊，往往會成為公司營收與獲利的主要關鍵。

　　沒有一家企業不想要業務蒸蒸日上，因此優秀的行銷人才、企劃人才及業務人才，往往是企業想要網羅的對象。

　　就業市場的需求會反應在校園上。我們看到行銷管理在各大學商管學院、傳播學院或其他學院等，幾乎都列為必修或選修的課程，很多學校夜間推廣部也推出此類的課程，可見各界對行銷的重視。

　　因此，個人除本身所學專業之外，也須具備應有的行銷知識，這對其職場的生涯發展絕對是有加分的效果，甚至會有意想不到的晉升。

　　本書是國內第一本最有系統的行銷圖解工具書，一單元一概念的表達方式，精簡扼要傳授行銷必備知識。希望藉由本書能使讀者透過圖解閱讀，而快速有效吸收行銷學的專業知識。

　　本書內容廣泛而周全的內容，足以傳達一個卓越行銷經理人應該具備的行銷知識與常識。相信本書可讓各位在行銷領域，帶來強大的競爭力。

　　本書能夠順利出版，衷心感謝五南圖書公司、我的家人、我的長官、我的學生，以及廣大的讀者群朋友們，由於你們的需求、鼓勵、指導及期待，才有本書的誕生。如果不是你們，我也不會有點燃辛苦撰書過程中的那股不停息的動機與毅力，尤其是在無數個嚴寒的冬季夜晚。

　　在此致上我萬分的感謝，並衷心祝福每位讀者朋友們、老師們及同學們，願你們都能走上一趟奇妙、美好、驚奇、成長、進步、快樂、滿意、平安、健康、幸福與美麗的人生旅途，在每一分鐘的生命旅程裡。感謝大家，感恩大家。

戴國良

taikuo@mail.shu.edu.tw

本書目錄

自序

本書目錄

第 7 章　通路策略

第 8 章　定價策略

第 9 章　銷售推廣策略、整合行銷及代言人行銷

本書目錄

第 **14** 章　網路廣告專有名詞

第 **15** 章　行銷致勝完整架構圖示　

第 **16** 章　提高行銷致勝力：市場行銷所面臨的十四項問題與策略

本書目錄

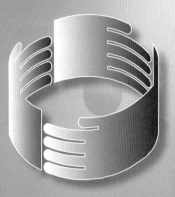

第 **1** 章

行銷意涵、顧客導向概念及市場調查

●●●●●●●●●●●●●●●●●●●●●●●● 章節體系架構

Unit **1-1**
行銷管理的定義與內涵

什麼是「行銷管理」（Marketing Management）？如果用最簡單、最通俗的話來說，就是指企業將「行銷」（Marketing）活動，再搭配上「管理」（Management）活動，將這兩者活動做出正確、緊密、有效的連結，以達成行銷應有的目標，不但能讓公司獲利賺錢，而且永續生存下去，這就是「行銷管理」的原則性定義與思維。

一.何謂「行銷」

我們回到原先的「行銷」（Marketing）定義上。行銷的英文是Marketing，是市場（Market）加上一個進行式（ing），故形成Marketing。

此意是指：「廠商或企業在某些市場上，展開一些促進他們把產品銷售給市場的消費者，以完成雙方交易的任何活動，這些活動都可以稱之為行銷活動。而最後消費者在購買產品或服務之後，即得到了充分的滿足其需求。」

因此，如下圖所示，廠商行銷的最終目標，主要有兩個：第一個是滿足消費者的需求；第二個是要為消費者創造出更大的價值。

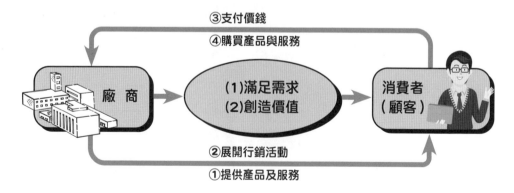

行銷的定義

③支付價錢
④購買產品與服務

廠　商　→　(1)滿足需求 (2)創造價值　→　消費者（顧客）

②展開行銷活動
①提供產品及服務

二.行銷的重要性

行銷與業務是公司很重要的二個部門，它們共同負有將公司產品銷售出去的重責大任，也是創造公司營收及獲利的重要來源。有些公司雖然研發很強或製造很強，但是因為行銷及業務體系相對較弱，因此公司經營績效未見良好。由此得知，公司即使有好的製造設備能製造出好的產品，也要有好的行銷能力相輔相成的配合。而今天的行銷，也不再僅僅是銷售的意義，而是隱含了更高階的顧客導向、市場研究、產品定位、廣告宣傳、售後服務等一套有系統的知識寶藏。

行銷管理的定義

行銷活動 Marketing	+	管理活動 Management

=

行銷管理 Marketing Management

行銷管理的內涵

行銷活動（Marketing）	+	管理活動（Management）	=	行銷管理（應達成目標）（Marketing Management）
1.產品規劃活動 2.通路規劃活動 3.定價規劃活動 4.廣告規劃活動 5.促銷規劃活動 6.公共事務規劃活動 7.銷售組織規劃活動 8.現場環境設計與規劃活動 9.服務規劃活動 10.會員經營與顧客關係管理活動 11.社會公益行銷規劃活動 12.活動行銷規劃活動 13.網路行銷規劃活動 14.媒體採購規劃活動 15.行銷總體策略規劃活動 16.市場調查與行銷研究規劃活動 17.公仔行銷規劃活動 18.品牌行銷規劃活動 19.異業合作行銷規劃活動 20.技術研發與產品規劃活動	+	1.管理活動，意指著對左列的各種行銷活動，要擔負著正確的、有效率的與有效能的管理工作。 2.管理工作或管理循環有兩種涵義： (1)管理工作簡單説，就是P-D-C-A的每天性循環工作。亦即： • P：Plan，要計畫左列的事項 • D：Do，要執行左列的事項 • C：Check，要追蹤、檢討及考核左列的事項 • A：Action，要改變及再行動左列的事項 (2)管理也可説是： • 如何組織一個團隊 • 如何規劃、企劃事情 • 如何領導及指揮 • 如何做溝通及協調 • 如何激勵及獎勵 • 如何控制、檢討、評估 • 如何再修改、再改善及再行動	=	1.左邊二列，合併起來就是一個完美與完整的行銷管理內容。 2.但要達成企業實戰的行銷目標，包括： (1)如何達成營收目標 (2)如何達成獲利目標 (3)如何達成市場占有率目標 (4)如何達成品牌創造目標 (5)如何達成企業優良形象目標 (6)如何達成顧客滿意及顧客忠誠目標 (7)如何為消費者滿足他們的需求，並為他們創造出更大的價值 (8)善盡行銷社會責任

Unit **1-2**
行銷目標與行銷經理人職稱

　　我們常聽到企業要達到年度的行銷目標，究竟什麼是行銷目標？它代表什麼意涵？而在坊間，我們聽到的行銷經理人與產品經理人，他們又有什麼差異呢？

一.何謂「行銷五大目標」

　　企業在實務上，有以下幾點重要的「行銷目標」（Marketing Objectives）需要達成：

　　(一)營收目標：也稱為年度營收預算目標，營收額代表著有現金流量（Cash Flow）收入，即手上有現金可以使用，這當然重要。此外，營收額也代表著市占率的高低及排名。例如：某品牌在市場上營收額最高，當然也代表其市占率第一。故行銷的首要目標，自然是要達成好的業績與成長的營收。

　　(二)獲利目標：獲利目標與營收目標兩者的重要性是一致的。有營收但虧損，則企業也無法長期久撐，勢必關門。因此有獲利，公司才能形成良性循環，可以不斷研發、開發好產品、吸引好人才，才能獲得銀行貸款、採購最新設備，也可以享有最多的行銷費用，用來投入品牌的打造或活動的促銷。因此，行銷人員第二個要注意的，即是產品獲利目標是否達成。

　　(三)市占率目標：市占率（Market Share）代表公司產品或品牌，在市場上的領導地位或非領導地位。因此，也是一項跟著營收目標而來的指標。市占率高的好處，包括：可以做好的廣告宣傳、鼓勵員工戰鬥力、使生產達成經濟規模、跟通路商保持良好關係、跟獲利有關聯等各種好處。因此，企業都朝市占率第一品牌為行銷目標。

　　(四)創造品牌目標：品牌（Brand）是一種長期性、較無形性的重要無形價值資產，故有人稱之為「品牌資產」（Brand Asset）。消費者之中，有一群人是品牌的忠實保有者及支持者，此比例依估計至少有五成以上。因此，廠商打廣告、做活動、找代言人、做媒體公關報導等，其最終目的，除了要獲利賺錢外，也想要打造及創造出一個長久享譽的知名品牌之目標。如此，對廠商產品的長遠經營，當然會帶來正面的有利影響。

　　(五)顧客滿足與顧客忠誠目標：行銷的目標，最後還是要回到消費者主軸面來看。廠商所有的行銷活動，包括從產品研發到最後的售後服務等，都必須以創新、用心、貼心、精緻、高品質、物超所值、尊榮、高服務等各種作為，讓顧客們對企業及其產品與服務，感到高度的滿意及滿足。如此，顧客就對企業產生信賴感，養成消費習慣，進而創造顧客忠誠度。

二.行銷經理人的職稱

　　在實務上，行銷經理人有不同的職稱。在大型企業，因為產品線及品牌數眾多，故常採取PM制度，即產「品經理人」制度；或是BM制度，即「品牌經理人」制度。而在中型或中小型企業中，則採用行銷企劃經理較為常見。

企業行銷5大目標

1.如何達成營收目標		2.如何達成獲利目標

企業行銷5大目標

3.如何達成市占率目標	4.如何達成品牌打造目標

5.如何達成顧客滿意及
顧客忠誠目標

為何要做行銷？

做行銷 Marketing	→	就是要為公司： 創造營收及創造獲利 （Revenue & Profit）

行銷經理人常見4種職稱

行銷經理人職稱

1. 行銷經理
（Marketing Manager, MM）

2. 產品經理
（Product Manager, PM）

3. 品牌經理
（Brand Manager, BM）

4. 行銷企劃經理
（Marketing Planning Manager）

Unit **1-3**
行銷觀念導向的演進

隨著時間的流轉，市場上的行銷手法愈漸成熟。以下僅就行銷觀念的導向，分四階段的演進過程來說明，讓讀者更了解每個年代不同的行銷觀念。

一.生產觀念（1950年代～1970年代）

生產觀念（Production Concept）係指在1950年代經濟發展落後，低國民所得，大家都很貧窮的時代。假設消費者只想要廉價產品，並且隨處可買到，此時廠商的任務著重在：1.提高生產效率；2.大量產出單一化產品，大量配銷，以及3.降低產品成本，廉價出售。因此總結來說，廠商只有生產任務，沒有行銷任務。

二.產品觀念（1970年代～1980年代）

產品觀念（Product Concept）係假設消費者只想要品質、設計、功能、色彩都最優良的產品，他們認為只要做出最佳產品，消費者一定會上門購買。但廠商如只鎖定產品本身要精益求精，就很容易產生「行銷近視病」（Marketing Myopia）。

所謂「行銷近視病」，也稱「行銷迷思」，係指廠商只一味重視產品本身的改良，而不注重或了解消費者本身的實質需求與慾望。因此，雖然廠商的產品或服務無懈可擊，但也避免不了衰敗的命運，此乃因即使他們做出自認為很好的產品，但卻無法正確滿足市場需要。

例如：美國鐵路事業早年風光多時，後來卻跌入谷底，衰敗不振；此乃因為他們將公司設定在提供最好的鐵路，而非提供最佳的運輸服務。因此，現代的高速公路、高鐵、航空客機等都已取代鐵路的服務，就在於其未了解並看重消費者需求。

因此，行銷人員應該避免犯了「行銷近視病」，只看到玻璃窗，而無法看到窗外的世界。產品觀念階段，正有此種隱憂。

三.銷售觀念（1980年代～1990年代）

銷售觀念（Selling Concept）係認為消費者不會主動購買產品，加上供應廠商愈來愈多，消費者可能面對多種選擇，並且會進行比較分析。因此，廠商無法像過去生產階段一樣，坐在家裡等生意上門，必須靠一群銷售組織，積極主動說服顧客購買產品，並透過一些宣傳活動，讓消費者知道並願意購買公司產品。

四.行銷觀念（1990年代～21世紀）

這階段的行銷觀念（Marketing Concept），通常也稱「市場導向」或「顧客導向」（Market-Orientation or Customer-Orientation），在現代企業已被廣泛普遍的應用，這些觀念包括：1.發掘消費者需求並滿足他們；2.製造你能銷售的東西，而非銷售你能製造的東西；以及3.關愛顧客而非產品。

行銷觀念導向4階段演進

階段1：生產觀念（Production Concept）
1950～1970

↓

階段2：產品觀念（Product Concept）
1970～1980

↓

階段3：銷售觀念（Selling Concept）
1980～1990

↓

階段4：行銷觀念（Marketing Concept）
1990～21世紀

↓

顧客至上・顧客導向

產品導向與行銷導向之比較

公司	產品導向定義	行銷導向定義
Revlon（露華濃）	我們製造化妝品	我們銷售希望
Xerox	我們生產影印設備	我們協助增加辦公室生產力
Standard Oil	我們銷售石油	我們供應能源
Columbia Picture	我們做電影	我們行銷娛樂
Encyclopedia	我們賣百科全書	我們是資訊生產與配銷事業
International Mineral	我們賣肥料	我們增進農業生產力
Missouri Pacific Railroad	我們經營鐵路	我們是人和財貨的運輸者
Disney（迪士尼樂園）	我們經營主題樂園	我們提供人們在地球上最快樂的玩樂

Unit 1-4
市場與需求

所謂市場（Market），乃包括一群顧客（消費者與公司用戶）之集體名稱。市場裡的顧客必須符合三條件：

(一)**具有某種待滿足之需要**：可藉該種產品或服務得到解決，亦即要有「需求」。例如：想買機車或汽車作為上班的交通工具；結婚了，希望買個房子住。

(二)**具有可供支用之購買力**：能夠取得該產品或服務，亦即要有財力。例如：買車子或房子，必須要準備頭期款，其餘的用貸款，或者一次付清。

(三)**具有支用之願望**：即要有購買的慾望，激發其購買該種產品。

一.市場基本類型

一般而言，市場可因購買對象來源不同，而區分五種類型：

(一)**消費者市場**：其購買目的為提供個人或家庭之消費用途，而非營業用途。

(二)**工業市場**：其購買目的為供製造、轉售或其他營業用途。

(三)**政府市場**：隨著政府所擔負功能之擴大，每年提撥巨大數額預算於購買多種產品及服務，使得政府機關本身也形成一個重要市場。

(四)**非營利市場**：此類顧客所追求的目標，並非利潤或投資報酬率，可能是提供社會服務，增進社會福利，例如：學校、醫院、教會、基金會、研究機構等。

(五)**企業市場**：其購買目的係為企業內部工作所需求，例如：總務採購、會計文書、行政文書、行銷研究、調查委託、資訊委託、主管用車委外等作業。

二.市場總潛量

所謂市場總潛量（Total Market Potential）乃是在一定環境條件、一定期間及一定產業行銷努力水準下，產業內所有公司所可能達到的最高銷售量（或金額），亦即：Q＝n（購買總人數）×p（單價）×q（每人購買數量）

例如：50吋液晶電視機單價3萬元，全國500萬戶家庭若有1/2更新購買，即有250萬臺潛力市場，乘上每臺3萬元，即表示有750億市場總潛力。

三.預測未來的需求

有關預測未來的需求（Estimating Future Demand），有以下幾種常用的方法：

(一)**購買者意向調查**（Surveys of Buyer's Intention）：可透過問卷調查、座談會以及深度訪談等途徑，以了解消費者未來購買之意向，此為最直接方式。

(二)**銷售人員意見之綜合**（Composite of Sales-Force Opinion）：銷售人員常在第一線作戰，對市場發展最敏感，其意見當受到重視。（註：Sales-Force即表示銷售人員或銷售群。）

(三)**專家意見**（Expert Opinion）：包括經銷商、供應商、研究學術機構、顧問公司等專家意見。

(四)**市場測試法**（Market-Test Method）：此法乃是對市場做直接銷售測試，以求得實際之初步了解。

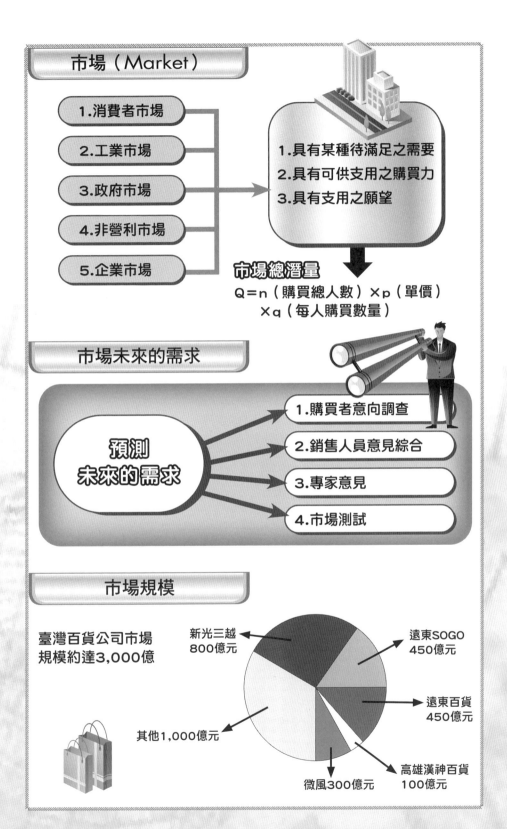

市場（Market）

1. 消費者市場
2. 工業市場
3. 政府市場
4. 非營利市場
5. 企業市場

1. 具有某種待滿足之需要
2. 具有可供支用之購買力
3. 具有支用之願望

市場總潛量
Q=n（購買總人數）×p（單價）
×q（每人購買數量）

市場未來的需求

**預測
未來的需求**

1. 購買者意向調查
2. 銷售人員意見綜合
3. 專家意見
4. 市場測試

市場規模

臺灣百貨公司市場
規模約達3,000億

新光三越
800億元

遠東SOGO
450億元

遠東百貨
450億元

其他1,000億元

微風300億元

高雄漢神百貨
100億元

Unit **1-5**
顧客導向的意涵

什麼是「顧客導向的意涵」（Customer Orientation）？請好好思考深度意義，並設身處地站在顧客的立場上設想。

統一超商前任徐重仁總經理的基本行銷哲學：「只要有顧客不滿足、不滿意的地方，就有新商機的存在。……所以，要不斷的發掘及探索出顧客對統一7-11不滿足與不滿意的地方在哪裡。」

同時他也強調顧客導向的信念：「企業如果在市場上被淘汰出局，並不是被你的對手淘汰的。一定是被你的顧客所拋棄，因此，心中一定要有顧客導向的信念。」

一.顧客導向的觀念

行銷觀念在現代的企業已經被廣泛與普遍的應用，這些觀念包括：
1.發掘消費者需求並滿足他們。
2.製造你能銷售的東西，而非銷售你能製造的東西。
3.關愛顧客而非產品。
4.盡全力讓顧客感覺他所花的錢，是有價值的、正確的，以及滿足的。
5.顧客是我們活力的來源與生存的全部理由。
6.要贏得顧客對我們的尊敬、信賴與喜歡。

二.各知名公司對顧客導向信念的名言

1.日本山多利飲料公司：「要比顧客還要知道顧客」。
2.日本花王：「我們所做的一切都是為了顧客」。
3.日本日清公司：「顧客的事，沒有我們不知道的」。
4.美國P&G：「顧客是我們的老闆」（每年4/23訂為P&G顧客老闆日）。
5.臺灣統一超商：「顧客的不滿意，就是我們的商機所在，顧客永遠不會滿意的，故商機永遠存在」。
6.日本7-11：「要從心理面洞察顧客的一切」。
7.日本豐田汽車：「滿足顧客的路途，永遠沒有盡頭」。
8.臺灣王品餐飲公司：「每一位來店顧客，都是我們的VIP客戶」。
9.日本迪士尼樂園公司：「100－1，不是99分」（意指不容許有任何一個顧客不滿意）。
10.日本資生堂：「要永遠為顧客創造美的人生」。
11.日本小林製藥：「全體事業群部門，人人每月一次新產品創意提案，即可滿足顧客需求，實踐顧客導向」。

堅定顧客導向的信念

信念（市場導向）
堅定顧客導向的

1. 顧客需要什麼，我們就提供什麼，由顧客決定一切。
2. 市場需要什麼，我們就提供什麼，由市場決定一切。
3. 有顧客不滿足的地方，就有商機的存在，因此要隨時發現不滿意的地方是什麼。
4. 我們應不斷研發及設想，如何滿足顧客現在及未來潛在性的需求。
5. 要不斷為顧客創造物超所值及差異化的價值。
6. 顧客就是我們的老闆，也是我們的上帝。
7. 永遠走在顧客前面幾步。

實踐並堅守顧客導向

企業
行銷
Marketing

- 發掘顧客潛在需求
- 滿足顧客所有需求
- 達成顧客所期待的我們
- 做的比顧客期待的更多
- 帶給顧客物超所值感與驚喜感
- 只要用心就有用力之處

顧客
消費者
Consumer

企業的存在與經營根本→顧客導向

1.新產品開發	6.服務水準問題
2.新服務開發	7.物流配送速度
3.產品改良、設計	8.代言人選擇
4.定價多少問題	9.促銷活動
5.通路布建問題	

顧客導向
都要想著 8

顧客導向：顧客要什麼

- 要便利（方便）　・要物超所值　・要平價奢華
- 要有心理尊榮感　・要促銷、要贈品、要好康
- 要高品質　・要設計感、要創新　・要實用
- 要功能強大　・要心理滿足　・要物質滿足
- 要快樂、要驚喜、要可愛、要精緻　・要貼心、要服務

Unit **1-6**
消費者洞察

「消費者洞察」（Consumer Insight）是近幾年來崛起的行銷名詞，要做到真正有效的顧客導向，只須針對目標消費者各種現況及潛在需求等，加以深入挖掘、洞察、分析思考後，才能獲得消費者的真相。

一.什麼是消費者洞察

（一）將需求轉化成行動：行銷策略不只是要研究消費行為，而是要找出底下所隱藏的動機。而消費者洞察就是連結動機與商品之間的化學鍵，是將「需求」轉換成「行動」的關鍵點。

（二）注重消費者的內心：深入探索消費者的內心世界，再拼湊出消費者的想法與需求，也是消費者洞察的要項。

（三）需求的內在意涵：指消費者的心理需求，是為了滿足內心缺少的一部分。

（四）洞察在於挑起慾望：消費者洞察是與消費者溝通的鉤子，目的就在勾起消費者的慾望，勾住消費者的心。

（五）產品力是最後的勝負關鍵：廣告再迷人，最後勝負關鍵，仍在產品力。好的產品，解決使用者問題，創造便利；而問題的核心，正是人人千方百計尋找的消費者洞察。所以，產品力就是消費者洞察。產品力愈強愈貼心，愈容易被消費者接受。

二.如何成為洞察高手

（一）切入共同渴望：想起市場的最大共鳴，最好的方法仍是抓住人類基本天性（Human Basic Nature），切入人性共同的渴望。例如：Evian礦泉水拿在手上，就多了幾分時尚感；Levis牛仔褲穿在身上，就多了幾分叛逆感；Benz開在路上，就多了幾分優越感。

（二）擅用調查工具：為了找出捉摸不定的消費者洞察，行銷企劃人員需要一套邏輯性的思考方式，一個合理的調查工具來幫助判斷。擅用調查工具可以提升決策的精準度，包括：

1.一般使用焦點團體訪談（FGI或FGD）。

2.家庭居家式陪同生活與觀察分析。

3.在賣場後面跟隨消費者的購買行動而觀察分析。

4.大樣本電話訪問的統計結果與數據的思考及分析。

5.累積及建立一套幾千人、幾萬人以上的「消費者動機」模式工具，調查範圍包括：各種媒體工具、各種品類、各種品牌、各種消費者型態等。

6.E-ICP（東方線上資料庫）所累積的消費者資料庫。

7.徵詢第一線的業務員、專櫃小姐、店員意見，了解顧客的需求是什麼。

8.量化及質化的調查，必須以市調資料及深度訪談印證假設，找到解決方案。

9.利用企業臉書及IG粉絲專頁進行調查。

P&G的消費者洞察來源5種作法

全球最大日用品P&G公司 及 培養基礎 對消費者洞察依據來源

1. AGB尼爾森的零售通路實地調查資料庫的分析及整理

2. P&G公司對消費者固定樣本所提供的消費意見反應資料與數據分析

3. 每年度委外進行的消費者購買行為調查報告內容與發現

4. 每年度對自己與競爭品牌資產追蹤調查報告（委外）

5. 其他無數大大小小的市調及民調報告所累積與呈現出來的數據資料與質化資料

如何了解消費者需求

如何了解及洞察 消費者需求？

了解、洞察、掌握

1. 網路問卷調查
2. 電話問卷訪問調查
3. 焦點團體座談（FGI/FGD）
4. 第一線銷售人員座談會或問卷調查（門市店長、經銷店、專櫃人員、公司銷售人員等）
5. 全國經銷商、批發商問卷調查
6. 大型連鎖零售商採購進貨人員電話訪談調查
7. POS資料（銷售零售據點資訊系統資料）
8. 國內外專業雜誌報導、報紙報導與產業調查報告
9. 國外當地參訪考察、參展
10. 利用臉書粉絲專頁進行市調

蒐集顧客意見的方法

一.銷售資料及其他次級資料（例如：POS的即時銷售資料結果等）

二.調查蒐集

1.郵寄問卷或家庭留置問卷。2.人員訪談（小組座談討論法，即Focus Group Interview，簡稱FGI，或一對一訪問）。3.電話問卷訪談。4.傳真機回覆。5.網際網路（E-Mail、網友俱樂部、網路民調）。6.家庭訪談及家庭親身觀察生活及需求；此亦稱居家生活調查。7.到店頭、賣場、門市店等第一線蒐集情報；亦稱到現場觀察及詢問消費者各種問題。8.通路商、經銷商、代理商的意見提供。

三.其他方法蒐集

1.店面內意見表填寫。2.0800免費電話（客服中心）。3.員工提供意見。4.店經理人員對顧客的觀察／應對。5.喬裝顧客（由本公司派人或委託外界企管顧問公司喬裝調查，簡稱喬裝客或神祕客，是服務業監控服務品質常用的作法）。6.督導監視人員（區域經理、區域主管、區域顧問）。7.國外資料情報或出版刊物之意見上網蒐集參考。

Unit 1-7
市場調查

圖解行銷學

行銷決策的重要參考「市場調查」（Market Survey）（簡稱市調或民調），對企業是非常重要的。市場調查比較偏重在行銷管理領域。但實務上，除了行銷市場調查外，還有「產業調查」。產業調查自然是針對整個產業或是某一個特定行業，所進行的調查研究工作。

本章所介紹的市場調查，將比較偏重及運用在行銷管理與策略管理領域。

那麼市調的重要性到底在哪裡？簡單來說，市調就是提供公司高階經理人作為「行銷決策」參考之用。那「行銷決策」又是什麼？舉凡與行銷或業務行為相關的任何重要決策，包括：售價決策、通路決策、OEM大客戶決策、產品上市決策、包裝改變決策、品牌決策、售後服務決策、公益活動決策、保證決策、物流配送決策及消費者購買行為等，均在此範圍內。由市場調查所得到科學化的數據，就是「消費決策」的重要依據。

一.市場調查應掌握的原則

市場調查為求其數據資料的有效性及可用性，必須掌握下列四項原則：

(一)真實性：亦即正確性。市調從研究設計、問卷設計、執行及統計分析等均應審慎從事，全程追蹤。另外，針對結果，也不能作假，或是報喜不報憂，蒙蔽討好上級長官。

(二)比較性：指與自己及競爭者做比較。市調必須做到比較性，才會看出自己的進退狀況。因此，市調內容必須有自己與競爭者的比較，以及自己現在與過去的比較等。

(三)連續性：市調應具有長期連續性，定期做、持續做，才能隨時發現問題，不斷解決問題，甚至成為創新點子的來源。

(四)一致性：如果是相同的市調主題，其問卷內容，每一次應儘量一致，才能與歷次做比較對照與分析。

二.問卷量化調查的方式

屬於定量調查的問卷調查方法，大概依不同的需求與進行方式，可以區分為六種方法，即：1.直接面談調查法；2.留置問卷填寫法；3.郵寄調查法；4.電話訪問調查法；5.集體問卷填寫法，以及6.電腦網路E-mail、臉書粉絲專頁及手機APP調查法。詳細內容及其優缺點比較，請見右頁圖解說。

三.定性質化調查的方式

為了尋求質化的調查，不適宜用大量樣本的電話訪問或問卷訪問，而須改採面對面的個別或團體的焦點訪談方式，才能取得消費者心中的真正想法、看法、需求與認知。而這不是在電話中，可以立即回答的。

定量（量化）調查方式

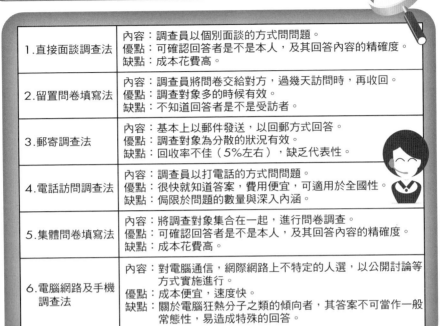

1.直接面談調查法	內容：調查員以個別面談的方式問問題。 優點：可確認回答者是不是本人，及其回答內容的精確度。 缺點：成本花費高。
2.留置問卷填寫法	內容：調查員將問卷交給對方，過幾天訪問時，再收回。 優點：調查對象多的時候有效。 缺點：不知道回答者是不是受訪者。
3.郵寄調查法	內容：基本上以郵件發送，以回郵方式回答。 優點：調查對象為分散的狀況有效。 缺點：回收率不佳（5%左右），缺乏代表性。
4.電話訪問調查法	內容：調查員以打電話的方式問問題。 優點：很快就知道答案，費用便宜，可適用於全國性。 缺點：侷限於問題的數量與深入內涵。
5.集體問卷填寫法	內容：將調查對象集合在一起，進行問卷調查。 優點：可確認回答者是不是本人，及其回答內容的精確度。 缺點：成本花費高。
6.電腦網路及手機調查法	內容：對電腦通信，網際網路上不特定的人選，以公開討論等方式實施進行。 優點：成本便宜，速度快。 缺點：關於電腦狂熱分子之類的傾向者，其答案不可當作一般常態性，易造成特殊的回答。

定性（質化）調查方式

1.室內一對一深入訪談法

2.室內焦點團體討論會議（FGI或FGD）

3.到零售店定點訪談法

4.到消費者家庭去觀察他們的生活進行及談話了解

5.到消費現場實地去觀察思考、分析及訪談（Field Study）

知識補充站

市調內容9大類別

1.市場規模大小及潛力研究調查；2.產品調查；3.競爭市場調查；4.消費者購買行為研究調查；5.廣告及促銷市調；6.顧客滿意度調查；7.銷售研究調查；8.通路研究調查，以及9.行銷環境變化研究調查。

Unit **1-8**
為何要做市調及市調方法的類型

一.為何要做市調

圖解行銷學

市調 ▶ 有利做行銷決策 ▶ 產生行銷競爭力 ▶ 公司才有好業績

　　企業經營在實務上，不免要做一些市調專案，企業行銷部門、研發部門或業務部門為什麼要做市調呢？最主要的目的，就是希望能夠透過市調，取得科學化的數據資料作基礎，以利公司高層做相關的「行銷決策」（Marketing Decision）。包括：產品決策、定價決策、研發決策、通路決策、品牌決策、廣告決策、服務決策等各種行銷決策。

二.市調研究主題

　　市場調查的研究主題範圍，分為以下八大類：

（一）產品研究	1.產品定位研究 3.新產品概念化研究	2.產品新商機研究 4.新產品試吃試喝測試研究
（二）滿意度研究	1.整體服務滿意度調查 3.產品滿意度調查	2.各項服務滿意度調查 4.其他滿意度調查
（三）廣告研究	1.廣告代言人調查 3.廣告播後效果調查	2.廣告CF調查
（四）品牌研究	1.品牌知名度、偏好度研究 3.新品牌名稱研究	2.品牌忠誠度研究
（五）通路研究	1.通路型態研究 3.通路促銷活動研究	2.消費者與通路互動關係研究
（六）媒體研究	1.媒體收視率、閱讀率、收聽率、點閱率調查 2.新興媒體效果調查 3.傳統媒體效果調查	
（七）消費者研究	1.潛在需求研究　2.生活型態研究　3.價值觀研究　4.消費行為研究	
（八）價格與促銷研究	1.新產品價格研究　2.價格調整變動調查　3.促銷內容調查	

小博士解說

王品餐飲集團每月80萬張回收

王品餐飲旗下18個品牌 ▶ 每月從店內回收80萬張顧客滿意度問卷填寫 ▶ 輸入電腦，形成數據資料庫，做為考核各店績效指標之一

市調研究方法的2大類型

1.量化研究（大樣本數）

- 電話訪問法（電訪）
- 街頭訪問法（街訪）
- 家庭訪問法（家訪）
- 郵寄問卷訪問法
- 網路及手機問卷調查法
- 店內填寫問卷法
- 固定樣本調查法
- 集體問卷調查法

2.質化研究（小樣本數）

- 焦點團體座談會（FGI或FGD）
- 一對一深度訪問法
- 家庭觀察法
- 日記填寫法
- 賣場觀察調查法

企業實務上量化研究3種方式

1.電話訪問（電訪）

適合針對：
(1) 全國性（各縣市）消費者
(2) 特定對象消費者
・優點：隨機抽樣，具大樣本客觀性。

2.網路之調查（網路填卷）

適合針對：
(1) 年輕族群消費者
(2) 會員消費者
(3) 卡友消費者
・優點：成本低、速度快。

量化調查
3大方式

3.店內填寫問卷市調法

・適合針對：在店內消費的顧客為對象。
・優點：現場調查快速反應顧客意見及處理對策。
・例如：王品、西堤、陶板屋、薇閣汽車旅館、五星級大飯店、大醫院、服飾連鎖店、銀行等服務業。

Unit 1-9
焦點座談會（FGI／FGD）

一.進行焦點座談會的消費者來源

1. 請朋友介紹。
2. 請員工介紹。
3. 客戶或會員資料。
4. 街頭募集。
5. 網路募集（社群網路、部落格、臉書）。
6. 學校或機構募集。

二.進行方式

1. 設定主題。
2. 展開討論。
3. 聽取消費者的想法、看法、意見及觀點。

三.焦點座談會流程

1. 事前準備（討論大綱）。
2. 主持人自我介紹及開場白，說明座談會主題。
3. 介紹出席受訪者。
4. 進入正題訪談及討論。
5. 訪談結束及支付車馬費。

四.出席成員

1位主持人、1位電腦記錄打字員及6～8位出席訪談的一般消費者。

小博士解說

FGI: Focus Group Interview

FGD: Focus Group Discussion

GI: Group Interview

➡ 三者均為焦點座談會或焦點團體訪談會之中文意義。

何謂焦點座談、集體座談

用途
質化調查最重要方法

成員
1位主持人及6～8位出席訪談的一般消費者

進行方式
(1) 設定主題
(2) 展開討論
(3) 聽取消費者的想法、看法、意見、觀點及評論

途徑
(1) 委外調查：委託外面專業市調公司進行
(2) 自己親自調查：行銷部門親自規劃進行

焦點座談會流程

1. 事前準備：討論大綱 ───→ (1)要達成什麼目的
                      ───→ (2) 要問哪些問題

↓

2. 訪談會主持人自我介紹

↓

3. 開場白及說明訪談會主題

↓

4. 介紹受訪者

↓

5. 進入正題訪談及討論

↓

6. 訪談結束、支付車馬費

Unit 1-10
顧客（會員）滿意度調查

一.顧客滿意度高的好處

1. 顧客會有好口碑流傳。
2. 有助顧客忠誠度養成。
3. 有助顧客的高回購率。
4. 可以提振組織及員工士氣，大家與有榮焉。

二.顧客滿意度調查四大目的

1. 檢視顧客對公司在各方面的滿意程度。
2. 滿意度較低的地方，作為未來改進重點所在。
3. 作為監督考核第一線員工的績效指標之一。
4. 作為可能的宣傳效果之用。

三.顧客滿意度百分比的指標

1. 90%以上，表示優良水準，應繼續保持。
2. 80～89%，表示中上水準，仍須再努力。
3. 60～79%，表示不理想，要大力檢討改善。

四.顧客滿意度調查的方法

1. 在店內、賣場內、現場等地方置放問卷，並請顧客填寫。
2. 非在店內，採取電話、電腦、手機等工具進行問卷訪問。

顧客滿意度調查的4大目的

① 檢視顧客對公司在各方面的滿意程度。

② 滿意度較低的地方，作為未來改進重點所在。

③ 作為監督考核第一線員工的績效指標之一。

④ 作為可能的宣傳效果之用。

顧客滿意度百分比指標

| 90%以上 | ➡ | 優良水準，繼續保持 | 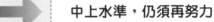 |

| 80~89% | ➡ | 中上水準，仍須再努力 | |

| 60~79% | ➡ | 不理想，要大力檢討改善 | |

網購公司滿意度市調項目

1. 產品多元化滿意度

2. 物流宅配滿意度

3. 產品品質滿意度

4. 客戶服務查詢滿意度

5. 價格滿意度

6. 促銷滿意度

7. 網路結帳速度滿意度

8. 退貨速度滿意度

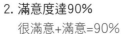

知識
補充站

1. 顧客滿意度問卷設計舉例

   回答(請勾選)

   □很滿意　□滿意　□不太滿意　□很不滿意　□不知道、沒意見

2. 滿意度達90%

   很滿意+滿意=90%

Unit **1-11**
市調原則、市調費用及知名市調公司

一.市調的原則及應注意事項

1. 定期做、長期做	有些市調，例如：滿意度調查，應該定期做，用較長的時間去追蹤市調的結果。
2. 量化與質化並重	市調應以量化調查為主，質化調查為輔助，量化調查較具科學數據效益，而且廣度比較夠，質化調查則較深度。
3. 問卷內容設計要周延	市調的問卷設計內容及邏輯性，行銷人員應用心、細心地去思考，並且與相關部門人員討論，並且明確找出公司及該部門真正的需求，以找到問題解決的答案。
4. 市調結果正確解讀及判斷	針對市調的結果，行銷人員應仔細的加以詮釋、比對及應用。
5. 市調公司的選擇及要求	市調應注意到可信度，故對挑選市調公司及監督市調執行，都應加以留意及多予要求。

二.市調費用概估

1. 一場焦點團體座談會（FGI）約10～15萬元之間。
2. 一次1,000人份的全國性電話訪問問卷約20～35萬元之間。

一般來說，市調費比電視廣告費便宜，即使是一般大公司，年度市調費也都會控制在100～300萬元以內。這與電視廣告費的幾千萬到上億，相對便宜很多。

三.知名市調公司

1. 尼爾森公司市調部門。
2. 模範（TNS）市調公司。
3. 達聯行銷研究公司。
4. 東方線上公司（E-ICP）。
5. 蓋洛普公司。
6. 全國意向民調公司。
7. 利達管理顧問公司。
8. 創市際公司（網路民調）。
9. 思緯市場研究公司。
10. 全方位市調公司。
11. 易普索市調公司。
12. 相關大學附設的民調中心（世新）。

第 2 章

行銷環境情報與商機洞察

●●●●●●●●●●●●●●●●●●●●●●●●●●● 章節體系架構 ▼

Unit **2-2**
行銷環境變化下的十二種商機 Part I

　　各種行銷環境的改變，其中隱含的正是一股商機。誰能洞察先機並掌握，誰就贏在起跑點上。

　　最近行銷環境的變化及其所帶來的新商機，可說是熱鬧繽紛，相當具有市場性。茲特整理歸納如下，以供行銷人員改革創新之用。由於內容豐富，分Part I及Part II兩單元介紹。

一.科技環境的改變

　　近幾年來，在資訊科技、網際網路、無線數位、AI人工智慧、晶片半導體、能源、面板、電機等科技領域的急速突破，為廠商帶來了不少新商機。包括：從iPod、數位照相機、到小筆電（8～10吋筆記型電腦）、iPhone 5G智慧型手機、液晶電視機、電動汽車、電子書、YouTube、Twitter（推特）、Facebook（臉書）、IG、Google（谷歌）、網路購物及iPad平板電腦、LINE、物聯網、人工智慧（AI）、AR及VR（虛擬實境）、機器人等均屬之。

二.經濟景氣低迷時

　　迎接景氣低迷，平價、低價產品當道。低價為王的時代，低價或平價產品確實大受歡迎。包括：統一超商的低價City Café、85°C咖啡平價蛋糕、日本第一大Uniqlo平價服飾連鎖店、家樂福低價自有品牌產品、低價吃到飽餐廳、低價山寨手機、低價網路購物、廉價航空等。

三.人口環境的變化

　　少子化，使父母親更願意為子女付出高代價，例如：才藝班、資優班、童裝、私立小學、出國親子旅遊等。人口老年化，也使銀髮族商機升高，包括：健康食品、保養品、健康運動器材等，都比以前賣得更好。

四.健康環境的變化

　　由於中年人以上的上班族重視吃得健康，因此低糖、低鹽、低油、低脂肪的飲料及食品也在市面上出現，包括：茶飲料、鮮奶飲料、咖啡飲料、啤酒飲料、奶粉等，均如此強調。另外，桂格燕麥以降低膽固醇、降血脂等，亦受到重視。還有有機產品的經營，亦漸有起色。白蘭氏雞精、娘家滴雞精等，也成為醫院探望病人的贈禮。

五.宅經濟環境的變化

　　面對上百萬的年輕宅男、宅女族的出現，一些宅商品，例如：遊戲（Game）、網路購物、社群網站（Facebook、痞客邦、LINE、IG、Mobile01……）、宅配運送業者及宅配到家商品網購業，以及foodpanda及ubereats美食快遞等行業亦相應崛起。

新的行銷機會點

行銷新的機會點是什麼?

1. 找到新的行銷經營模式(Business Model)

2. 找到新的區隔市場、利基市場或目標市場

3. 找到新的網路行銷手法

4. 找到新的通路

5. 找到新的產品定位

6. 找到新的服務

7. 找到新的異業合作

8. 找到新的定價方向

9. 找到新的廣告製作手法及內容

10. 找到新的併購成長方式

11. 找到新的產品、產品線或品牌延伸

12. 找到新的媒體操作手法

13. 找到新的包材及包裝設計

14. 找到有利的、新的產品訴求點或Slogan

15. 找到新的促銷活動方法

16. 找到新的品質及獨特功能

Unit **2-4**
成功洞察行銷環境的7-11

　　7-11是國內最大的便利商店連鎖店，它的目標，就是要成為大家生活中不可或缺的方便好鄰居。前總經理徐重仁曾說過：「經營事業要走超競爭，不要太過於在意別人做些什麼、大環境怎麼不好。不斷學習，吸收創新的養分，眼前永遠有機會。」正是因其如此善於洞察環境變化所帶來的新商機，7-11能在不景氣環境中，仍能保持領先地位，其成熟又創新的行銷手法，值得借鏡參考。

一.推出City Café

　　以平價、24小時供應、便利帶走為產品訴求，並以桂綸鎂為產品代言人，目前供應店數已普及近6,000家店，每年銷售杯數超過3億杯，平均以45元計算，創造年營收額達135億元，已成為全臺最大的咖啡連鎖店業績。

二.推出「i-Select」自有品牌

　　在經濟景氣低迷與低價當道的時代環境中，統一超商也大力推出飲料、零食、泡麵等近280項的自有品牌商品，以低於其他產品價格10～20%為主力訴求，受到消費者的歡迎。

三.推出優惠早中晚餐組合餐

　　為搶近2,000億元的「外食市場」，統一超商也以促銷價39元或49元推出早餐優惠組合價，使三明治業績成長一倍。另外，也不斷更新鮮食便當口味，目前每年銷售近9,000多萬個便當，創造60多億元營收額，是全國最大便當提供公司。

四.推出ibon平臺

　　在ibon平臺上可以下載職棒門票、藝文表演及演唱會門票、下載音樂、列印資料、繳費、購買電影票、高鐵車票等，應用範圍更廣。目前每天約有50萬人次在使用ibon，已比過去成長一倍以上，未來使用族群將更多。

五、推出網購店取

　　由於網購電商的普及與快速成長，使網購店取的需求擴增很多，也帶動這方面收入的增加。

市場商機的需求變化

案例（一）

1. Hi-Net寬頻慢速上網→ADSL（或Cable Modem）、光世代、高速寬頻上網。
2. 固定打電話（固網）→行動打電話（手機）。
3. DHL用人、飛機傳送文件→用E-Mail傳送文件。
4. 桌上型PC→筆記型NB→平板電腦iPad。
5. 卡帶→CD。
6. 風景區→主題遊樂園。
7. 傳統商店→連鎖商店→大賣場→大型購物中心。
8. 香皂→沐浴乳。
9. 沙拉油→健康油（橄欖油、蔬菜油）。
10. 少數人高學歷→普設大學及商業技術學院→EMBA（在職碩士專班）。
11. 一般藥品→威而鋼藥品。
12. 信用卡→非接觸掃描型信用卡。
13. 7-11賣商品→百餘種代收服務→鮮食產品（便當、漢堡、飯糰等）→預購服務→ibon→貨到店取（網購）。
14. 有洗米機→無洗米（不必洗米）。
15. 洗衣機→洗衣與烘乾一體的機型。
16. 黑白手機→彩色手機→3G→4G→5G。
17. 錄影機→燒錄機。
18. 傳統電視→液晶電視→智慧型電視、連網電視機。

案例（二）

1. 學生市場（學雜費、教科書、遊樂區）。
2. 兒童市場（安親班、幼兒園、英語班、才藝班、幼教教材）。
3. 年輕上班族市場（KTV、唱片、NB電腦、MP3/MP4、上網市場、手機市場、主題遊樂區、自助旅遊、PUB等）。
4. 老年人市場（醫院、旅遊、健康食品）。
5. 高所得人市場（高級汽車、寶石、服飾、華廈、高級大飯店、餐廳）。
6. 女性市場（化妝品、保養品、家居用品、個人流行用品、連續劇、名牌精品、國外旅遊）。
7. 男性市場（汽車、新聞節目、休閒服飾、運動、閱讀出版、教育進修、精品）。

Unit **2-6**
SWOT分析與因應戰略

在經過前述各種3C分析之後，接下來就是大家所熟悉的SWOT分析。

SWOT分析意指：

S：Strength；優勢，本公司的強項在哪裡？

W：Weakness；劣勢，本公司的弱項在哪裡？

O：Opportunity；機會，本公司的商機在哪裡？

T：Threat；威脅，本公司的潛在威脅在哪裡？

然後，在SWOT交叉分析下，如右頁圖所示，本公司可以採取四種可能的對策，包括：1.積極攻勢，或2.差別化，或3.階段性對策，或4.防守、撤退對策等四種行銷策略及大方向。

企業在經過SWOT分析之後，大致會出現四種情況及其可能採取的策略如下：

一.攻勢策略

當外在機會多於威脅，以及企業內部資源條件優勢多於劣勢時，企業可以大膽採取攻勢策略（Offensive Strategy）展開行動。

例如：統一超商在SWOT分析之後，認為公司連鎖經營管理經驗豐富，而咖啡連鎖商機及藥妝連鎖商機愈來愈顯著，是進入時機到了。因此，就轉投資成立統一星巴克公司及康是美公司，目前已經營運有成。

二.退守策略

當外在機會少而威脅大，以及企業內部資源條件優勢漸失，而呈現劣勢時，企業就可能必須採取退守策略（Retreat Strategy）。

例如：臺灣桌上型電腦營運條件優勢已漸失，因此必須轉向薄型筆記型電腦及平板電腦及電競電腦的高階產品，而放棄生產桌上型電腦。

三.穩定策略

當外在機會少而威脅增大，但企業仍有內在資源優勢時，則企業可採取穩定策略（Stable Strategy），力求守住現有成果，並等待時機做新發展。

四.防禦策略

當外在機會大於威脅，而公司內部資源優勢卻少於劣勢時，則企業應採取防禦策略（Defensive Strategy）。

SWOT分析與因應對策

S：Strength → 強項／優勢
W：Weakness → 弱項／劣勢 } 內部要因
O：Opportunity → 機會
T：Threat → 威脅 } 外部要因

《外部環境分析》

《內部環境分析》

	機會 (O)	威脅 (T)
強項 (S)	採取 「積極攻勢」戰略	採取 「差別化」戰略
弱項 (W)	採取 「階段性對策」戰略	採取 「防守」或「撤退」戰略

SWOT分析步驟

(一) 提出（每月／每季一次）：

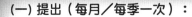

```
1.行銷企劃      2.經營企劃      3.事業部、營      4.其他各部門
 幕僚人員提出    幕僚人員提出     業部門人員提出    也可能提出
```

(二) 會議討論：
在董事長或總經理主持的專案會議或主管會報中，展開深入討論，各自提出不同見解及觀點，以及最後的對策與作法。

(三) 裁示：
董事長或總經理將針對各單位、各事業部門的主管所提出的看法，加以歸納，並且做出最後裁示。

(四) 持續追辦：
針對上級的裁示，有些將列入各相關部門的追辦事項，下次會議將考核追辦情形。

Unit **3-1**
為何要有區隔市場

　　市場行銷為何要有區隔市場？一個企業難道不能吃下或設定全體目標市場嗎？是的，我們可以這樣說，除了極少數集團化企業或靠併購化企業之外，的確很少有企業能夠以整體市場為行銷對象。

一.區隔市場的原因

　　所以會如此，主要原因有以下幾點：

　　(一)中小企業沒有足夠資源：一般中小企業或中型企業的確沒有那麼多的資源（人力、財力、物力）去爭戰全體市場，這是很現實的問題。

　　(二)要有能力集中資源：凡是經營企業的老闆都知道，要在某個市場勝出，唯有集中產、銷、研發資源，去爭奪某一個區隔化的市場，你才會有贏的機會。

　　(三)消費群廣大，需求不同：就廣大消費群而言，他們的需求不同，包括：年齡層、所得水準、職業別、學歷、性別、家庭、已未婚、個人價值觀、消費觀等大大不同，也要區隔成不同的目標客層。

　　(四)守住既有市場：任何人都知道，攻擊戰比守成戰難上好幾倍，企業只要好好用心守住既有市場，也就夠了。

　　(五)避免亂槍打鳥：什麼市場都去做，成功的機率並不高；除了你是跨國型有品牌的大企業，或是國內市占率極高的龍頭企業。

　　(六)新競爭者的利基：新加入市場的競爭者，他們要贏的機會也只有一個，就是見縫插針，搶占一個冷門及不為人重視的利基市場，也會有贏的機會。

二.為什麼要做S-T-P架構分析

　　(一)從「大眾市場」走向「分眾市場」：由於大眾消費者的所得水準、消費能力、個人偏愛與需求、生活價值觀、年齡層、家庭結構、個性與特質、生活型態、職業工作性質等都有很大不同，因此使分眾市場也演變形成了。而分眾市場的意涵，等同區隔市場及鎖定目標消費族群之意。因此，必須先做好分眾市場的確立及分析。

　　(二)有助於研訂行銷4P操作：在確立市場區隔、目標客層及產品定位後，行銷人員在操作行銷4P活動時，即能比較精準設計相對應於S-T-P架構的產品（Product）、通路（Place）、定價（Price）及推廣（Promotion）等四項細節內容。

　　(三)有助於競爭優勢的建立：行銷要致勝，當然要找出自身特色及競爭優勢之所在，並不斷強化及建立這些行銷競爭優勢。因此，在S-T-P架構確立後，企業行銷人員即會知道建立哪些優勢項目，才能滿足S-T-P架構，並從此架構中勝出。

　　(四)建立自己的行銷特色，與競爭對手有所區隔：S-T-P架構中的產品定位，即在尋求與競爭對手有所不同，有所差異化，而且有自己獨特的特色及定位，然後才能在消費者心目中得到認同。

　　(五)達到「精準行銷」的目的：見右頁。

市場區隔背景成因分析

1. 市場激烈競爭（競爭者眾多），消費大眾也有多元不同的偏愛與需求。

2. 任何一種產品或服務，不可能滿足所有市場與消費者。

3. 每一個大市場，須切割、區隔成幾個分眾的市場。

4. 用不同的產品定位與行銷組合策略，做好區隔市場與消費者的滿意服務。

S-T-P 3個循環：環環相扣

1. S
Segment Market
選定區隔市場

2. T
Target Audience
鎖定目標消費族群

3. P
Positioning
精確產品（品牌）定位

為何必須做S-T-P架構分析

1. 因應從大眾市場走向分眾市場／小眾市場

2. 有助於研訂行銷4P操作內容

3. 有助於競爭優勢的建立

4. 建立自己的行銷特色與競爭對手有所區隔

5. 達到精準行銷的目的

依據前面四項分析，S-T-P架構分析完整且有效時，將會有助於行銷人員及廠商達成「精準行銷」的目的及目標。總而言之，以最有效率（Efficiency）及最有效能（Effectiveness）的方法來操作行銷活動，然後達成行銷目標，這就是精準行銷的意涵。

Unit **3-3**
區隔變數的分類

前文提到「市場」應該會被「區隔化」（Segmentation），「顧客客層」（Customer Target）也會被區隔化，如此我們才能在整體大市場中，打贏「區隔戰」。

因此，區隔變數有哪些呢？一般最常用的衡量方法有下列幾種，茲說明之：

一.人口統計變數

依照：1.性別、2.年齡層、3.教育程度、4.所得水準、5.職業別、6.家庭結構、7.宗教，以及8.國際等為區隔變數。

例如：TOYOTA高級車Lexus（凌志）市場，是豐田的高價車區隔市場，而其目標客層，可能是40歲以上年齡層、高所得水準、高級主管職業別、男性居多，以及學歷偏高等特色為主的消費者。

二.行為變數

依照消費者所出現的各種不同行為變數而加以區分，例如：行為保守、謹慎、內向型、或是開放、豪邁、外向、奔放、運動陽光、或是喜好與人聊天、喜歡做出某種行為而與眾不同的；例如：某消費者喜歡週末假日外出全家旅遊，其購車偏好可能就會選擇休旅車，而不會是一般房車，因為喜歡外出旅遊的嗜好，就是他的行為變數。

三.心理變數

有些人喜歡尊榮、名氣、愛炫耀，因此成為LV、Dior、Prada、Gucci、Chanel、Hermes等名牌的追逐者及愛購者。

另外，也有一群人是平凡生活、平凡個性、平凡價值觀與平凡心理的顧客層，其消費行為就與上述人不同，在建立區隔化市場及目標客群時，會有顯著的不同。

四.地理變數

這種變數通常是發生在偏遠遼闊國家，因為地理區域太大，而自然形成不同的市場區隔及目標客層。

例如：美國東部紐約、美國西部的洛杉磯、美國南部的亞特蘭大或東北部的芝加哥；或是中國大陸的東北、華北、東南、西南、西北、長江三角或珠江三角等地方，都有不同的市場區隔化及其不同的產品需求。

五.M型社會下的價格變數

由於M型社會來臨，價格成為兩極論，因此，高價及平價的區隔市場也漸成形，而成為主流。例如：王品餐飲集團旗下18個品牌，也是按照高價、中價及平價等去區隔品牌。

綜上所述得知，對於企業長期戰略的構建，需透過五光十色的產業表層，從社會結構的變動中，發現長期趨勢中孕育的戰略機會，這才是一個更加堅實的基點。

TA（目標族群／目標客層）的設定

7.其他別
- 宗教
- 國籍
- 地理

1.性別
- 男性市場
- 女性市場

2.年齡層
- 嬰兒1-3歲
- 兒童4-6歲
- 小學生7-12歲
- 國高中生13-18歲
- 大學生19-22歲
- 年輕上班族22-30歲
- 上班族25-39歲
- 熟女、熟男35-49歲
- 中年人50-65歲
- 老年人銀髮族75歲以上

6.家庭結構別
- 單身　　・單親
- 夫妻　　・夫妻子女
- 三代同堂

TA

5.所得層
- 低所得（月薪3萬以下）
- 中低所得3-5萬元
- 中高所得5-10萬元
- 高所得10-20萬元
- 極高所得20萬元以上

4.工作性質
- 白領工作
- 藍領工作
- 專技人員
- 店老闆
- 高階主管

3.學歷
- 國中　　・高中、專科
- 大學
- 研究所

TA案例

EX：SKII、蘭蔻、Dior、Sisley等高檔化妝品、保養品
女性、30～49歲、熟女、中高所得、單身或已婚、大學以上
程度、白領上班族

EX：Benz、BMW高檔轎車
男性、40～60歲、熟男、高～極高所得、老闆或高階主管、
已婚、大學以上程度

EX：線上遊戲
男性15～25歲、學生及年輕上班族、宅男族、未婚、低或中低所得

TA其他設定指標

1. 人口統計變數（最根本）
2. 依心理變數區隔（EX：時尚、流行、自我、虛榮等）
3. 依生活與消費價值觀變數區隔
4. 依行為模式變數區隔
5. 依生理變數區隔
6. 依工作需求變數區隔
7. 依科技追求變數區隔
8. 依偏愛變數區隔
9. 依價格高、中、低變數區隔

045

Unit 3-5
產品定位的意涵與成功案例

行銷實務上的第一件事情就是要時刻去發現「商機」（Market Opportunity），但隨著商機而來的具體行動，那就是S-T-P架構（Segmentation／市場區隔化；Target／目標市場或目標客層；以及Positioning／產品定位或市場定位、品牌定位或服務性產品定位），這兩者是互為一體兩面的。了解什麼是市場區隔及目標客層後，什麼是「定位」（Positioning）呢？以下我們將有更深入的探討。

一.什麼是「定位」

簡單說，就是：「你站在哪裡？你的位置與空間在哪裡？你對的位置在哪裡？在哪個位置上？消費者對你有何印象？有何知覺？有何認知？有何評價？有何口碑？他們又記住了你是什麼？聯想到你是什麼？以及他們一有這方面的需求，就會想到就是你，沒錯！」因此，定位是行銷人員重要的思維與抉擇任務，一定要做到：「正確選擇它、占住它，形成特色，讓人家牢牢記住它是什麼。」

二.成功定位的案例

我們可以舉這些年成功定位的企業案例，由於它們成功的「定位」，因此營運績效卓越優良。這些可受人稱讚的行銷定位企業案例，包括如下：

(一)統一超商：以「便利」為定位成功。

(二)全聯福利中心：以「方便及便宜」為定位成功。

(三)蘋果日報：以「社會性新聞、綜藝性新聞、特殊編輯手法、圖片式新聞、篇幅頁數最多、紙質最佳、新聞內容最差異化」等為定位成功。（註：蘋果日報已於2021年5月停刊關門了。）

(四)City Cafe：以低價咖啡（40～50元）及24小時咖啡為定位。

(五)台北101：以「高級精品百貨公司」為定位成功。

(六)W Hotel及文華東方大飯店：以「高級大飯店」為定位成功。

(七)Happy Go紅利集點卡：以「遠東集團九家關係企業，加上上千家異業結盟的跨異業紅利集點，便利回饋消費者」為定位成功。

三.定位不清楚或錯誤的弊害

實體產品或服務性產品，若定位不清楚或發生錯誤，會很明顯的呈現負面結果，此乃毋庸再言，因其將使：

(一)**上市失敗**：即產品或服務無法在市場上大受歡迎，因而被市場遺忘。

(二)**消費者模糊不清**：不會有好的口碑相傳。

(三)**來客層混雜**：來客客層也可能混雜，不是同一群的，不會有歸屬感，也不會滿意，會覺得怪怪的。

(四)**抓不住真正族群**：無法抓住真正想要的那一個目標客層，最後目標客層也會跑掉，或愈做愈小。

產品定位（或市場定位）的意義

(1) 正確選擇它	+	(2) 占住它	+	(3) 形成特色

↓

讓消費者牢牢記住

案例

- ASUS：華碩品質，堅若磐石。
- City Café：都會風情咖啡。
- Happy Go：跨異業紅利集點回饋平臺。
- 全聯福利中心：便宜、方便。
- 85℃咖啡：五星級飯店蛋糕，平價供應。

定位不清，行銷必失敗

定位不清 →
1. 新產品上市失敗
2. 新服務業上市失敗
3. 顧客群流失

Unit **3-7**
定位成功的要件與步驟

究竟定位成功與否,有哪些可以作為參考的依據呢?茲整理說明如下:

一.定位要客觀

是否做了「客觀化」的定位?而不是「主觀化」的定位,不是老闆一句話,也不是高階主管一句話,也不是承辦人的一句話。一定要秉持客觀化、科學化及數據化,這樣才能做出妥當貼切的定位。

二.要經過市調、民調佐證

所謂客觀化是要經過縝密的、用心的、認真的對待市調、民調的結果,然後再加以深入內部討論辯證而來的。

三.成功案例做學習標竿

定位成功與否,最好在相似消費國家有類似成功的案例、典範或事業模式(Business Model),可以學習最好。畢竟有人已經成功了,與臺灣同文化、同消費地區也沒有不成功的理由。因此只要用心做好,必然可以做成功。

四.評估市場規模是否值得投入

定位成功與否,不論是利基市場、長尾市場或小眾市場,一定要先確認市場規模足夠;否則市場太少,未來成長不大,很快就飽和或競爭過度,做起來較沒有成就感。

五.定位須與S-T-P架構一致

定位一定要配合S-T-P的邏輯性架構,具有一貫性及連串性,互相搭配良好,才會成功。

六.定位要有差異化

定位要發展出差異化,愈是差異化、獨特性,愈跟別人不一樣,而有創新的感覺是比較好的。

七.定位成功要有競爭優勢

定位成功一定要有競爭優勢才行,有時會有很多家產品定位都相同,大家一窩蜂搶進,如要勝出,一定要有某些差異化上的優勢、優點、強項及祕訣才會贏。

八.定位後專注投入

專注(Focus)對定位成功也很重要。專注代表你很專業,別人可能跟不上你的腳步,做得也沒有你好,自然你就會在所定位的領域上領先。

產品定位8步驟

第1步 首先應分析這個市場、產品、服務,有沒有商機存在?有商機,才能思考產品定位。

第2步 應分析現有主力競爭者有多少?各自定位哪裡?優、劣勢為何?還有沒有空間進入?如有,是在哪裡?

第3步 應評估自己跟他人的定位是否可以不一樣?非得在同一個定位上競爭不可?

第4步 如果不得已,定位須一樣,有沒有再找出一些比他們更好的差異化地方?

第5步 如果定位完全不一樣,那就是走差異化及利基市場的路線。

第6步 不管定位在哪個位置、特質、特色上,都該考慮到這個產品定位的顧客市場規模的大或小?

第7步 應該確信這樣產品定位後的競爭力及優越性,是否真能做到如定位所宣稱的那樣?

第8步 我們應盡可能再做些市調或試吃、試喝、試用、試看,以確保消費者會滿意並來消費該產品,此種作法較有保障。

OK!完成定位!

知識補充站

產品勝出的重要關鍵

· 產品要勝出,一定要得到公司的決心投入。公司要多準備人力、物力及財力的投入,這個定位下的事業才會有跟強者拼鬥的實力及奧援。

· 同時要做出產品「口碑」,因為口碑是最好的免費行銷宣傳工具。既然此產品及此專業定位在這些特質及特色上,我們就一定要做到好口碑,做到「言行合一」與「一路走來,始終如一」才行。

· 最後就是要確認及抉擇這個產品定位或事業定位,確實有「商機」的存在。從這個商機點切入,的確是有生意可做。一定要有如此正確的判斷性才可;否則,任何產品定位都是空話,而且是一種徒勞無功的錯誤付出。

第 **4** 章

行銷4P組合概念

●●●●●●●●●●●●●●●●●●●●●●●●● 章節體系架構

Unit 4-1
行銷4P組合的基本概念

就具體的行銷戰術執行而言,最重要的就是行銷4P組合(Marketing 4P Mix)的操作,但什麼是行銷4P組合?要如何運用?

一.「組合」的涵義

為何要說「組合」(Mix)呢?主要是當企業推出一項產品或服務,要成功的話,必須是「同時、同步」要把4P都做好,任何一個P都不能疏漏,或是有缺失。例如:某項產品品質與設計根本不怎麼樣,如果只是一味大做廣告,那麼產品仍不太可能會有很好的銷售結果。同樣的,一個不錯的產品,如果沒有投資廣告,那麼也不可能成為知名度很高的品牌。

二.什麼是「行銷4P組合」

此即廠商必須同時、同步做好,包括:1.產品力(Product);2.通路力(Place);3.定價力(Price),以及4.推廣力(Promotion)等4P的行動組合。而推廣力又包括:促銷活動、廣告活動、公關活動、媒體報導活動、事件行銷活動、店頭行銷活動等廣泛的推廣活動。

三.行銷4P組合的戰略

站在高度來看,「行銷4P組合戰略」是行銷策略的核心重點所在。

行銷4P組合戰略是一個同時並重的戰略,但在不同時間裡及不同階段中,行銷4P組合戰略有其不同的優先順序,包括:

(一)**產品戰略優先**:係指以「產品」為主導的行銷活動及戰略。

(二)**通路戰略優先**:係指以「通路」為主導的行銷活動及戰略。

(三)**推廣戰略優先**:係指以「推廣」為主導的行銷活動及策略。

(四)**價格戰略優先**:係指以「價格」為主導的行銷活動及策略。

然後,透過4P戰略的操作,以達成行銷目標的追求。

小博士解說

4P的重要性排序

4P之「推廣」(Promotion),也稱「促銷」,尤其面臨市場競爭與景氣低迷之際,「促銷」常為4P的首要動作;其次為「產品」(Product),品牌的建立與維繫,以及新產品創新服務的持續性推出;至於要動腦考慮損益平衡點的「價格」(Price),一旦確定後少有變動,除非配合促銷或反映成本而調整;最後是「通路」(Place),如果是創新公司或新品上市,就得花心思,不然很少有問題。

行銷4P組合

行銷4P組合 — **戰術行動**

- 1.產品力（Product）
- 2.通路力（Place）
- 3.定價力（Price）
- 4.推廣力（Promotion）
  - (1)促銷活動
  - (2)廣告活動
  - (3)公關活動
  - (4)報導活動
  - (5)店頭行銷
  - (6)事件行銷
  - (7)人員銷售

行銷4P組合戰略

1.
以產品為主導的行銷

行銷目標（Marketing Target）

2.
以推廣為主導的行銷

(1)
產品戰略
（Product）

(2)
推廣戰略
（Promotion）

(3)
通路戰略
（Place）

(4)
價格戰略
（Price）

3.
以通路為主導的行銷

4.
以價格為主導的行銷

行銷4P組合戰略（Marketing 4P Mix）

4P／1S負責單位

4P／1S	主要	輔助
1.產品策略	研發部（R&D）／商品開發部	行銷企劃部
2.定價策略	業務部／事業部	行銷企劃部
3.通路策略	業務部	—
4.推廣策略	行銷企劃部	—
5.服務策略	客戶服務部／會員經營部	行銷企劃部

Unit 4-2
行銷4P vs. 4C

行銷4P組合固然重要，但4P也不是能夠獨立存在的，必須有另外4C的理念及行動來支撐、互動及結合，才能發揮更大的行銷效果。4P對4C的意義是什麼呢？

如右頁圖4P與4C的對應意義，即明白告訴企業老闆及行銷人員，公司在規劃及落實執行4P計畫上，是否能夠「真正」的搭配好4C的架構，做好4C的行動，包括思考是否做到下列各點：

圖解行銷學

一.產品及服務是否能滿足顧客需求（Customer Value）

我們的產品或服務設計、開發、改善或創新，是否真的堅守顧客需求滿足導向的立場及思考點，以及顧客在消費此種產品或服務時，是否真為其創造了前所未有的附加價值？包括心理及物質層面的價值在內。

二.產品是否價廉物美（Cost Down）

我們的產品定價是否真的做到了價廉物美？我們的設計、R&D研發、採購、製造、物流及銷售等作業，是否真的力求做到了不斷精進改善，使產品成本得以降低，因此能夠將此成本效率及效能回饋給消費者。換言之，產品定價能夠適時反映產品成本而做合宜的下降。例如：5G手機、數位照相機、液晶電視機、數位隨身聽、NB筆記型電腦及平板電腦、變頻家電等產品均較初上市時，隨時間演進而不斷向下調降售價，以提升整個市場買氣及市場規模擴大。

三.行銷通路是否普及（Convenience）

我們的行銷通路是否真的做到了普及化、便利性及隨時隨處均可買到的地步？這包括實體據點（如大賣場、便利商店、百貨公司、超市、購物中心、各專賣店、各連鎖店、各門市店）、虛擬通路（如電視購物、網路B2C購物、型錄購物、預購）以及直銷人員通路（如雅芳、如新等）。在現代工作忙碌下，「便利」其實就是一種「價值」，也是一種通路行銷競爭力的所在。

四.產品整合傳播行動及計畫是否能引起共鳴（Communication）

我們的廣告、公關、促銷活動、代言人、事件活動、主題行銷、人員銷售等各種推廣整合傳播行動及計畫，是否真的能夠做好、做夠、做響與目標顧客群的傳播溝通工作，然後產生共鳴，感動他們、吸引他們，在他們心目中建立良好的企業形象、品牌形象及認同度、知名度與喜愛度。最後，顧客才會對我們有長期性的忠誠度與再購習慣性意願。

從上述分析來看，企業要達成經營卓越與行銷成功，的確必須同時將4P與4C同時做好、做強、做優，如此才會有整體行銷競爭力，也才能在高度激烈競爭、低成長及微利時代中，持續領導品牌的領先優勢，然後維持成功於不墜。

4P與4C的對應意義

4P vs. **4C**

1.Product（產品） → (1) Customer-Orientation或Customer Value
  （即堅守顧客導向與顧客價值創造）

2.Price（定價） → (2) Cost Down（成本降低，或降價，回饋消費者及
  產品價格競爭力）

3.Place（通路） → (3) Convenience（便利性，即產品應普遍在各種虛
  實場上架，隨時隨處可買得到）

4.Promotion → (4) Communication（傳播溝通，要做好全方位的整
（推廣/廣告/促銷） 合行銷傳播訊息任務，建立好品牌及高知名度）

4P＋4C發揮總體競爭力

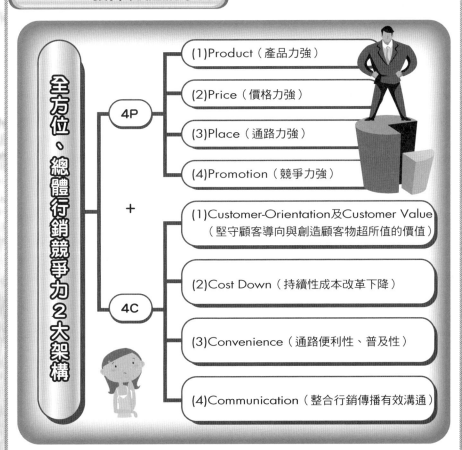

全方位、總體行銷競爭力2大架構

4P
- (1)Product（產品力強）
- (2)Price（價格力強）
- (3)Place（通路力強）
- (4)Promotion（競爭力強）

＋

4C
- (1)Customer-Orientation及Customer Value（堅守顧客導向與創造顧客物超所值的價值）
- (2)Cost Down（持續性成本改革下降）
- (3)Convenience（通路便利性、普及性）
- (4)Communication（整合行銷傳播有效溝通）

Unit **4-3**
服務業行銷8P/1S/1C擴大組合意義

將8P/1S/1C擴大適用在服務業的行銷上，你能想像會產生怎樣一個組合意義呢？

一.組合要素之8P

筆者把行銷4P，擴張為服務業行銷8P，主要是從Promotion中，再細分出更細的幾個P。

第5P：Public Relation，簡稱PR：即公共事務作業，主要是如何做好與電視、報紙、雜誌、廣播、網站等五種媒體的公共關係。

第6P：Personal Selling：即個別的銷售業務或銷售團隊。因為很多服務業，還是仰賴人員銷售為主，例如：壽險業務、產險、汽車、名牌精品、旅遊、百貨公司、財富管理、基金、健康食品、補習班、戶外活動等均是。

第7P：Physical Environment：即實體環境與情境的影響。服務業很重視現場環境的布置、刺激、感官感覺、視覺吸引等。因此，不管在大賣場、在貴賓室、在門市店、在專櫃、在咖啡館、在超市、在百貨公司、在PUB等，均必須強化現場環境的帶動行銷力量。

第8P：Process：即服務客戶的作業流程，盡可能一致性與標準化（SOP）。避免因不同服務人員，而有不同服務程序及不同服務結果。

二.組合要素之1S

1S：Service，產品在銷售出去後，當然還要有完美的售後服務，包括客服中心服務、維修中心服務及售後服務等，均是行銷完整服務的最後一環，必須做好。

三.組合要素之1C

1C：CRM，意指顧客關係管理（Customer Relationship Management）。例如：全聯的福利卡、家樂福的好康卡、誠品書店會員卡、屈臣氏寵i卡及SOGO百貨公司的Happy Go卡。Happy Go卡即屬於忠誠卡計畫，運用在遠東集團九個關係企業及跨異業3,000多個據點消費，均可累積紅利折抵現金或換贈品；目前已發卡1,000多萬張，活卡率達70%，算是很成功的CRM操作手法之一。

圖解行銷學

小博士解說

什麼是行銷3R？
第1R（Retention）係指顧客維繫策略，因為開發一個新客戶的成本，為維持一個舊客戶成本的3～5倍。第2R（Related）係指顧客關係銷售，當公司開發另一種新產品或關係企業產品，可介紹給既有顧客購買。第3R（Referral）係指顧客介紹顧客，然後給既有顧客一些獎金或優惠。

服務業行銷8P/1S/1C組合

1.產品（Product）	2.定價（Pricing）
3.通路（Place）	4.廣告與促銷（Promotion）
5.人員銷售（Personal Selling）	6.公共事務（PR）
7.現場環境（Physical Environment）	8.服務流程（Process）
9.售後服務（Service）	10.顧客關係管理（CRM）

麥當勞案例

- 產品：漢堡、薯條、可樂、咖啡等

- 定價：$39、$69、$99

- 通路：全國390家店

- 廣宣、促銷：王力宏、蔡依林等

- 實體環境：整潔、乾淨、明亮等。

- 服務流程：內場廚房製作流程暢快；外場服務作業井然有序。

- 人員銷售：整潔制服、態度親切、開朗有朝氣等。

- 服務：超值早午餐、天天超值選、24小時歡樂送、得來速VIP等。

第 5 章

產品策略

章節體系架構

Unit 5-1
產品的意涵

產品本身有三個層面的含意，除此之外，還有全方位滿足顧客的內涵意義。這也是行銷企劃人員所要做的一系列產品定位及推廣工作，為的正是要讓產品除本身品質外，還有其他各種特色與特質，能讓消費者接受並滿足。

一.產品的定義

產品的定義（Product Characteristic），可從三個層面加以觀察：

(一)核心產品（Core Product）：係指核心利益或服務，例如：為了健康、美麗、享受或地位。

(二)有形產品（Tangible Product）：係指產品之外觀形式、品質水準、品牌名稱、包裝、特徵、口味、尺寸大小、容量等。

(三)擴大之產品（Expand Product）：係指產品之安裝、保證、售後服務、運送及信用等。

二.產品的內涵意義

全方位滿足顧客是產品的內涵意義。顧客購買的是對產品或服務的「滿足」，而不是產品的外型。因此，產品是企業提供給顧客需求的滿足。這種滿足是整體的滿足感，包括：

1.優良品質。

2.清楚的說明。

3.方便的購買。

4.便利使用。

5.可靠的售後服務。

6.完美與快速的售後服務。

7.信任品牌與榮耀感。

因此，行銷的重點，乃在如何設法從三種層次去滿足顧客的需求。由於競爭的結果，現在行銷都已強調擴大之產品，亦即提供更多物超所值的服務項目，例如：可以多期分期付款、免費安裝、三年保證維修、客服中心專屬人員服務等。

三.行銷意義何在

公司行銷人員將因擴大其產品所產生之有效競爭方法，而發現更多之機會。依行銷學家李維特（Levitt）說法，新的競爭並非決定於各公司在其工廠中所生產的部分，而在於附加的包裝、服務、廣告、客戶諮詢、資金融通、交貨運輸、倉儲、心理滿足、便利及其他顧客認為有價值的地方，甚至是終身價值（Life Time Value, LTV）。因此，行銷企劃人員所能設計與企劃之空間，就更加寬闊與更具創造性。

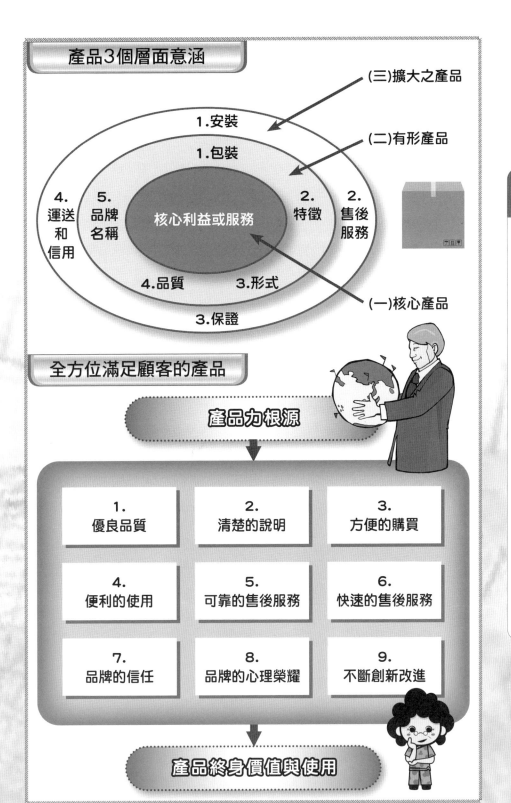

產品3個層面意涵

(三)擴大之產品

(二)有形產品

1.安裝

1.包裝

4.運送和信用　5.品牌名稱　核心利益或服務　2.特徵　2.售後服務

4.品質　3.形式

(一)核心產品

3.保證

全方位滿足顧客的產品

產品力根源

1.優良品質	2.清楚的說明	3.方便的購買
4.便利的使用	5.可靠的售後服務	6.快速的售後服務
7.品牌的信任	8.品牌的心理榮耀	9.不斷創新改進

產品終身價值與使用

Unit 5-2
產品戰略管理

作為行銷第1P的產品（Product），不僅是4P中的首P，也是企業經營決戰的關鍵第1P。

一.產品戰略管理的重要性

企業的「產品力」，是企業生存、發展、成長與勝出的最本質力量，沒有它等於沒有未來，可見其重要性是不言可喻的。

因此，產品戰略及其管理，關係著本公司「產品力」的消長與盛衰，因此必須賦予高度的重視、分析、評估、規劃及管理。

二.產品戰略管理四種層面

根據理論架構及企業實務狀況，歸納出產品戰略管理四種層面下的十一項組合產品戰略管理的要項：

(一)銷售目標對象（Target Audience）：每一個不同產品的銷售目標對象選擇策略為何？

(二)命名（Naming）：每一個不同產品的命名策略為何？

(三)品牌（Brand）：每一個不同產品的品牌策略為何？

(四)設計（Design）：每一個不同產品的設計策略為何？

(五)包裝（Package）：每一個不同產品的包裝及包材策略為何？

(六)功能（Function）：每一個不同產品的功能策略為何？

(七)品質（Quality）：每一個不同產品的品質策略為何？

(八)服務（Service）：每一個不同產品的服務策略為何？

(九)生命週期（Life Cycle）：每一個不同產品面對生命週期的不同策略為何？

(十)內涵／內容（Content）：每一個不同產品組成或提供的內涵、內容策略為何？

(十一)利益點（Benefit）：每一個不同產品為顧客所提供的利益點策略為何？

小博士解說

產品存在的價值

- 市場上為什麼需要產品？一方面是企業要獲得利潤，以達永續經營的目的；一方面也是滿足消費者的需求。這是供需市場的原理。
- 消費者購買的不只是產品的實體，還包括產品的核心利益。產品的實體稱為一般產品，即產品的基本形式，只有依附於產品實體，產品的核心利益才能實現。期望產品是消費者採購產品時，期望的一系列屬性和條件。附加產品是產品包含的附加服務和利益。潛在產品預示著該產品最終可能的所有增加和改變。

產品戰略內涵11項組合

- 1.銷售目標對象（Target）
- 2.命名（Naming）
- 3.品牌（Brand）
- 4.設計（Design）
- 5.包裝（Package）
- 6.功能（Function）
- 7.品質（Quality）
- 8.服務（Service）
- 9.生命週期（Life Cycle）
- 10.內涵／內容（Content）
- 11.利益點（Benefit）

產品的決定及戰略

追求具有競爭優勢的產品力

1.產品決定	2.品牌決定	3.包裝決定
・品質水準 ・特色/特徵 ・功能 ・設計	・品名 ・Logo ・商標	・包材 ・包裝設計 ・Label設計 ・外觀設計

產品戰略
・追求具競爭優勢的產品力

品牌戰略

・能創造出顧客所感覺到的價值
・能滿足顧客的需求

Product與產品策略8個重點

產品力8個指標

1.獨特銷售賣點
USP

8.產品一定要品牌化經營
Branding

2.產品差異化
Product Differential

7.產品不斷改良與創新
Product Improvement
Innovation

Product Strategy

3.獨特化、特色化
Product Unique

6.高設計感、時尚感
Fashion Design

4.高品質穩定、品質保證
High Quality

5.帶給消費者利益點
Product Benefit

Unit 5-3
產品組合意義

產品組合（Product Mix），亦稱為產品搭配，係指廠商提供給消費者所有產品線與產品項目之組合而言，例如：統一企業的產品線組合包括速食麵、茶飲料、冰品、沙拉油、果汁飲料、咖啡飲料、布丁、優酪乳、健康食品、飼料、麵粉等。

一.寬度、長度、深度

對於一個廠商，可就其產品的寬度、長度、深度與一致性，討論產品組合意義：

(一)產品的寬度：係指有多少種不同產品線之數目。

(二)產品的長度：係指每一項產品中之不同品牌之數目，例如：P&G的洗髮精總共有44個品牌之多，包括海倫仙度絲、飛柔、潘婷、沙宣等。

(三)產品的深度：係指每一個產品有不同的包材、不同的外觀設計、不同的規格等之表現。

二.在行銷上的涵義

以上所討論之產品組合的三個構面，對行銷人員之涵義有以下幾點：

1.可考慮擴大產品線之寬度，再開展更大的市場銷售額，並使產品線更加完整。

2.可考慮增加產品線之長度，使產品線有不同的品牌，增強這個產品線內的市占率競爭與品牌地位競爭。

3.可考慮增加產品線之包裝、形式、規格、色彩，以加深其產品組合之多元變化與不斷創新的感覺。

三.產品組合策略的原則，追求不斷成長

總結來說，產品組合策略之原則，有以下三點：

1.適度擴大產品線的寬度，引進更多新的產品線，以尋求企業營收的成長。

2.適度延伸每個單一產品線的長度，亦即推出多品牌、副品牌或雙品牌策略，以使長度加長。

3.適度變化每一個產品或品牌的包裝、設計、容量、口味等，使其不斷創新。

小博士解說

產品線要不要補充？

行銷上有兩種決策可提供參考使用：1.產品線補充決策：係指透過增加現在產品線範圍內更多產品項目，達到希望增加總利潤、成為領導者，以及滿足經銷商一次進貨與顧客購買的需求。2.產品線刪減決策：當發覺某些產品銷售量、利潤都急速下降時，這表示該產品已進入了衰退期，必須深入檢討是否有其必要。

臺灣P&G產品組合

(一)產品線寬度

1.洗髮精 產品線	2.美容保養 品產品線	3.衛生棉 產品線	4.紙尿褲 產品線	5.品客洋芋片 （食品）	6.吉列 刮鬍刀
	·SK-Ⅱ ·歐蕾	·好自在	·幫寶適		

(二)產品線長度

1.飛柔 ── 大飛柔／小飛柔 ── **(三)產品深度**

2.潘婷

3.海倫仙度絲

4.沙宣

不同的容量、不同的包材、不同的成分原料、不同的外觀設計及不同的代言人等之產品深度

第五章

第五章

產品策略

統一企業產品組合

(一)產品線寬度

1.乳品飲料 產品線	2.速食麵 產品線	3.健康 食品線	4.冰品 產品線	5.糧油 產品線	6.其他 產品線
				（沙拉油、橄欖油、 蔬菜油……）	

(二)產品線長度

1.茶裏王

2.純喫茶

3.麥香 ── 麥香紅茶／麥香奶茶／麥香綠茶／麥香烏龍茶／麥香花茶 ── **(三)產品深度**

4.統一鮮奶

5.瑞穗鮮奶

6.統一陽光
黃金豆漿

⋮

069

Unit 5-4
產品組合價格策略

產品好比人一樣，都有成長興衰的過程。因此，企業不能僅靠經營單一產品而生存。當然，企業也不是經營的產品愈多就會愈好。一個企業應該思索生產和經營哪些產品才是有利的？這些產品之間，應該有些什麼配合關係？這就是以下我們要討論的。

一.向下延伸

向下延伸（Downward Stretch）係指公司原本在高價位市場，現在開始產銷中或低價位之產品，例如：P&G公司SK-II化妝保養品是高價位，但歐蕾產品是開架式的中低價位保養品，亦即高低價位的保養品均要通吃。

(一)企業採取產品線向下延伸之理由：1.公司過去經營良好的高品類（高價位）產品，正受到激烈之競爭，可能不再像以往那樣獲利豐厚，因此，轉往低品類產品另闢新的戰場經營。2.公司初期進入高品類市場，主要是要先塑造一個良好形象，有助往後推出之中低價位品類之產品。3.高品類產品已步入成熟階段，成長將趨緩慢，未來已不再被看好。

(二)企業採取產品線向下延伸，也可能帶來一些不利影響：1.低品類產品可能會傷害到原先高品類之產品。2.經銷通路系統可能不太願意促銷此種產品，主因是利潤微薄。

二.向上延伸

向上延伸（Upward Stretch）係指原先產銷低品類之產品，也有機會向中高品類之產品發展，例如：TOYOTA的Lexus即為高價位汽車，有別於Camry、Corona、Vios、Altis及Yaris等中低價位車。

(一)企業採取向上延伸的主要理由：1.可能受到高品類產品之可觀獲利率之誘惑而加入。2.可能希望成為一個完整產品線（Full-line）之供應廠商。

(二)企業採取向上延伸可能的潛在風險：1.客戶不相信中低品類之廠商有能力生產高品類產品。2.公司業務組織及通路組織成員，尚未有充分能力與準備進入此類市場。3.可能造成高品類廠商之反擊，而危及公司原有中低品類之市場。

三.水平式延伸

水平式延伸（Horizontal Stretch）係指定位在中間範圍的公司，水平產品線的深耕下去。

四.案例

(一)TOYOTA汽車：1.向上端發展：Lexus汽車，價位在150～400萬元之間。2.向下端發展：Yaris、Altis等價位在50～60萬元左右。3.平行端發展：Camry車型價位在90萬元左右。

(二)其他產業：例如：麥當勞速食、捷安特自行車、三星手機等產品，也有同時向上端及向下端產品發展的實際狀況。

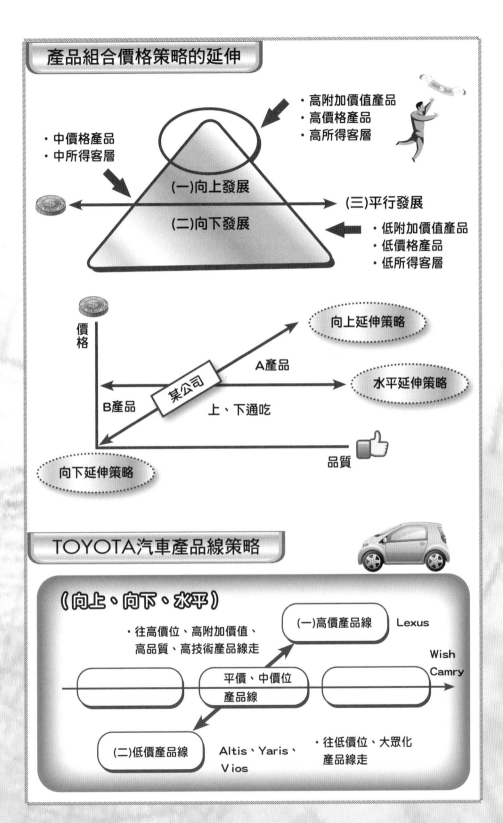

產品組合價格策略的延伸

- 中價格產品
- 中所得客層

・高附加價值產品
・高價格產品
・高所得客層

(一)向上發展

(三)平行發展

(二)向下發展

・低附加價值產品
・低價格產品
・低所得客層

價格

向上延伸策略

水平延伸策略

A產品

某公司

B產品

上、下通吃

品質

向下延伸策略

TOYOTA汽車產品線策略

（向上、向下、水平）

・往高價位、高附加價值、
　高品質、高技術產品線走

(一)高價產品線　Lexus

Wish
Camry

平價、中價位
產品線

(二)低價產品線

Altis、Yaris、
Vios

・往低價位、大眾化
　產品線走

Unit **5-5**
產品線策略七種方法

就主要產品線而言，可採行的策略可彙整為以下七種。

一.擴增產品組合策略（多元化產品組合策略）

包括增加產品組合之廣度與深度在內，以達到完整產品線（Full Product Line）之目標。

二.縮減產品組合策略

此與前述剛好相反，對獲利不夠理想的產品予以裁縮，以有效利用行銷資源，集中於主力產品上。

三.高級化策略

此係增加產品線中，較高級層次的產品，以提升商品與品牌形象，建立長遠高級化生命。

四.平價化策略

此乃配合產品生命週期步入成熟期或衰退期，以及面對M型社會時，採行在價格上的降低策略。

五.發展產品新用途策略

此即在不大幅影響現有市場與產品組合下，發展產品的新用途，以增加新的目標市場或增加銷售量。

六.副品牌策略

發展某一個新市場，或應付競爭對手的低價攻擊，或想繼續深耕原有市場，因此，可能推出一個不同價位定位及副品牌，以使與原有的主品牌作為區隔，希望不影響到主品牌。例如：伯朗咖啡，即有藍山咖啡及曼特寧咖啡等二種以上副品牌咖啡。

七.發展自有品牌產品策略

這是零售商通路自己發展及委外代工產品出售，而不完全依賴向全國性品牌製造商進貨。此舉之主要目的有三：

    1.提高毛利率及獲利率。

    2.產生差異化的競爭力。

    3.提升自主能力。

產品線策略的7種方式

1. 擴增產品多元化組合策略
2. 縮減產品組合策略
3. 高級化策略
4. 平價化策略
5. 發展產品新用途策略
6. 副品牌策略
7. 發展自有品牌策略

產品策略3方向

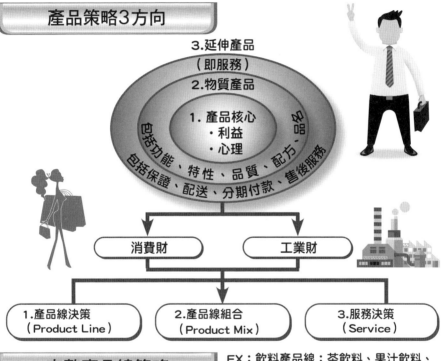

3. 延伸產品
（即服務）
2. 物質產品
1. 產品核心
・利益
・心理

包括功能、特性、品質、配方、售後服務
包括保證、配送、分期付款、售後服務

消費財　　　　　工業財

1. 產品線決策
（Product Line）

2. 產品線組合
（Product Mix）

3. 服務決策
（Service）

完整產品線策略

EX：飲料產品線：茶飲料、果汁飲料、咖啡飲料、豆漿飲料、礦泉水飲料等，完整產品線。

WHY

1. 服務並滿足更多不同的顧客群需求
2. 提高、增加公司的營收業績
3. 滿足全國各地經銷商銷售的需求
4. 多角化產品比單一產品更具規模經濟效益
5. 降低單一產品的經營風險

統一企業 ®

Unit 5-6
新產品發展策略

新產品發展策略，可從技術創新與市場深耕創新兩個構面考量，茲舉例說明之。

一.改進原有技術與加強現有市場

實務上，企業用改進原有技術（或服務）與加強現有市場（現有產品改良加強策略）的案例如下：

1.星巴克或85℃咖啡連鎖店經營。

2.DHC日式型錄，爭取化妝美容保養品市場。

3.洗衣乳（或洗衣精）取代過去顆粒狀的洗衣粉。

二.改進現有市場與提出新技術

改進現有市場與提出新技術或新服務，此為產品線擴大策略，實務上有：

1.空氣清淨機的推出。

2.P&G公司除了洗髮精產品外，推出SK-II美容保養品線擴大。

3.液晶電視（LCD TV）推出取代傳統電視機。

4.銀行推出金卡升級為白金卡及頂級卡／世界卡。

三.改進原有技術擴張新市場

此為市場擴大策略，即以改進原有技術或服務來擴大新市場，實務上有：

1.筆記型電腦（NB）、平板電腦推出。

2.愛之味鮮採番茄汁帶動很多過去不喝番茄汁的人口。

3.統一超商推出80～90元的升級國民便當，希望擴張過去不吃國民便當的人口。

4.中華電信ADSL寬頻光纖上網業務為市場擴展。

四.開創新市場及新技術

開創新市場及新技術（或新服務），即為產品／事業的多角化策略，實務上有：

1.過敏性牙膏（舒酸定）。

2.4G／5G智慧型手機。

3.數位電視機上盒（STB）帶動數位頻道及隨選視訊市場。

4.數位相機，取代傳統相機。

5.數位有線電視頻道，開創出一個新市場。

6.電視購物、網站購物、型錄購物等。

7.各式各樣（日式、義式、法式、美式、印度式、東南亞式、韓式等）創新的餐飲店出現。

新產品發展4策略

技術層面 市場層面	技術創新的程度	
	1.原有技術	2.新技術
市場創新的程度 1.加強現有市場	(1)深耕市場	(3)推出新產品
2.新市場	(2)新市場開拓	(4)新產品、新市場並進

最高級新產品創新策略

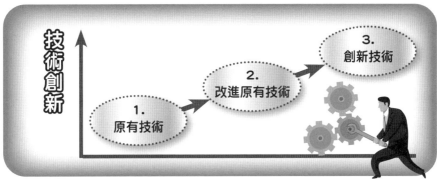

技術創新

3. 創新技術

2. 改進原有技術

1. 原有技術

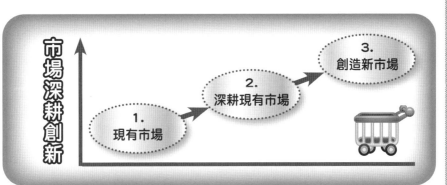

市場深耕創新

3. 創造新市場

2. 深耕現有市場

1. 現有市場

最高級新產品策略：  創新技術 ＋  創新市場

Unit **5-7**
產品組合戰略管理矩陣

從制高點看待PPM「產品組合戰略的管理矩陣」（BCG Model），最後一個產品戰略要考量的是，必須站在制高點，明確分析出公司現有所有產品及品牌，它們究竟處在哪四種不同的狀況中。（註：PPM，英文為Product Portfolio Management）

一.金牛產品與搖錢樹產品

哪些是對公司現在營收及獲利最大的主力產品，或稱為金牛產品（Cash Cow）與搖錢樹產品？而這些能撐多久呢？

二.未來的明日之星產品

哪些是對公司未來1～3年內可望成為接棒的明日之星的產品線或產品項目？真的可以實現嗎？還要多久？

三.問題兒童產品

哪些是對公司現在的營收及獲利無重大貢獻，但值得觀察、努力、改良、強化的問題兒童產品呢？是否可以逐步增強，進而看到希望呢？

四.落水狗產品

哪些是對公司現在營收及獲利都是負面及不利的落水狗產品呢？這些沉重的負擔是否應該執行退場機制呢？何時應執行呢？

總結來說，公司投入在各產品線的資源有限且珍貴，因此必須做最佳的安排、配置及規劃，才能發揮最好的效益出來。因此，PPM管理是非常重要的，而且也具有相當的前瞻性及預判準備性。

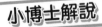

小博士解說

BCG矩陣的由來
BCG矩陣是由美國波士頓顧問公司（The Boston Consulting Group, BCG）集結輔導企業經驗提出用來診斷企業發展狀況，採用何種合適的策略。BCG依據企業的成長率與市場占有率高低，描繪企業發展的四個面向：明星（Stars）企業：高成長，高市場占有率；金牛（Cash Cow）企業：低成長，高市場占有率；問題（Question Marks）企業：高成長，低市場占有率；狗（Dog）企業：低成長，低市場占有率。
透過產品銷售額的成長率和相對的市場占有率，由這兩方面組成一個矩陣，產生四象限法來分析。

產品組合戰略管理矩陣

市場成長率（高→低）

(3)問題兒童產品	(2)明日之星產品 （Rising Star）
(4)落水狗產品	(1)金牛 （Cash Cow） 或搖錢樹產品

低 ← 市占率 → 高

企業的行銷策略：

(1)努力保及維持金牛產品

(2)積極培育及投資明日之星的產品

(3)努力改善問題兒童產品

(4)考慮放棄落水狗產品

企業4種產品組合結構

（賺錢＋虧錢）

(3) 問題兒童產品 （過去賺錢，但現在已不太賺錢） （如何改善及強化）	(2) 明日之星產品 （Rising Star） （尚賺錢，但明天會更好）
(4) 落水狗產品 （虧錢產品） （夕陽產品）	(1) 金牛產品 （Cash Cow） （當前最賺錢）

行銷對策

行銷對策 →

1.努力延長：金牛產品

2.全力栽培：明日之星產品

3.努力改善：問題兒童產品

4.關閉結束：落水狗產品

Unit 5-8
包裝戰略

俗話說：「人要衣裝，佛要金裝」，可見得體的打扮絕對是有加分的效果；套用在市場上流通的產品，也是如此，可以說：「好的包裝是產品的行銷戰力。」

一.包裝被重視的原因

包裝設計近來已經成為一項頗有潛力的行銷工具，主要原因如下：

(一)自動服務（Self-Service）：由於行銷通路的變革，使得超級市場、便利商店、量販店、百貨公司、專賣店等自助式選購物品的方式漸成主流，因此為了吸引消費者的注意力與喜愛感，莫不在外觀及包裝上創新，以求消費者之青睞。

(二)消費者的富裕（Consumer Affluence）：由於消費者的購買力不斷增強，對於高級、可靠、便利、可愛且兼具收藏價值的包裝產品，並不吝於購買。

(三)創新的機會（Innovation Opportunity）：包裝材料、設計之創新，常可延長產品壽命或創造新的銷售高峰，此種創新可視為產品附加價值的提高。

(四)公司及品牌形象（Company and Brand Image）：美好的包裝能夠幫助消費者在瞬間認識公司品牌，便利快速採購。

二.包材類型

目前國內各種消費品，例如：飲料、食品、美髮用品、化妝用品、清潔用品等，其包材類型已日益多元化，包括以下主要幾種：1.保特瓶（茶裏王、舒跑等）；2.玻璃瓶（Dr. Milker鮮奶）；3.利樂包（麥香紅茶、貝納頌、林鳳營）；4.鋁罐（伯朗咖啡、可口可樂、台啤）；5.塑膠（糖、米等）；6.保麗龍（統一泡麵）；7.鐵罐（綠巨人玉米），以及8.紙盒（味全味精）。

三.包裝開發的八個戰略目的

「包裝」（Package）在現代企業經營及行銷功能上，已能發揮更有貢獻與價值性的戰略功能角色。根據企業實務的經驗顯示，包裝可以朝向八個戰略性功能目的，包括：

(一)發揮並符合環保趨勢：發揮對地球環境保護的考量並符合環保法要求，例如：綠色包裝、減量包裝等。

(二)開發新的便利性：達成新的便利性包裝開發目的，方便消費者使用便利。

(三)賣場的銷售考量：達成在賣場吸引消費者與增加銷售效果的目的。

(四)物流考量：達成配合整個外部物流（Logistics）配送的考量目的。

(五)降低成本：達成降低整個產品設計、製造及包裝成本的下降目的。

(六)包裝的差異化：創造出獨特性及差異化包裝的目的。

(七)商品的差異化：達成商品整個呈現的差異化的感覺目的。

(八)產品識別的一致性：有助於產品識別（CI）建立與一致性的戰略目的。

包裝開發8個戰略目的

```
                 1.對地球環境保護的考
                   量及符合法規要求

8.CI建立與統一                        2.新的便利性開發

7.商品的差異化      包裝戰略        3.賣場的銷售效果考量

6.差異化包裝打造                      4.物流考量

                 5.成本下降考量
```

產品8種包材

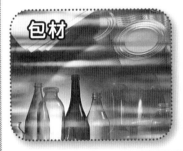

包材

1.保特瓶	2.玻璃瓶
3.利樂包	4.鋁罐
5.塑膠	6.保麗龍
7.鐵罐	8.紙盒

包裝技術創新

```
1.包裝素材的創新              7.新便利性的實現

                 專業性
2.內包品保護性的   包裝       6.新Style風格型
  創新                          式的創造

3.包裝與環境相互   4.新安全性獲得   5.新的感性知覺
  作用                          創造
```

079

Unit **5-9**
新產品上市的重要性與原因

企業要永續經營不能僅靠單一產品,而是要不斷迎合市場需求,研發各種新產品。

一.新產品上市的重要性

新產品開發與新產品上市,是廠商相當重要的一件事。主要有:

(一)取代舊產品:消費者會喜新厭舊,因此舊產品上市久了之後,可能銷售量衰退,必須有新產品或改良式產品替代之。

(二)增加營收額:新產品的增加,對整體營收額的持續成長也會帶來助益。如果一直沒有新產品上市,企業營收就不會成長。

(三)確保品牌地位及市占率:新產品上市成功,也可能確保本公司的領導品牌地位或市場占有率地位。

(四)提高獲利:新產品上市成功,也可望增加本公司的獲利績效。例如:美國蘋果電腦公司,連續成功推出iPod數位隨身聽及iPhone手機與iPad平板電腦,使該公司在這十年內的獲利水準均保持在高點。

(五)帶動人員士氣:新產品上市成功,會帶動本公司業務部及其他成員的工作士氣,發揮潛力,使公司更加欣欣向榮。

二.新產品發展的原因

(一)市場需要:由於生活習慣改變,消費者對於便利、速度、安全等需求增高,以及價值觀念的轉移,以致產生新的需要。

(二)技術進步:新的原材料、更好的生產製造方法,使廠商能提高更好的產品。

(三)競爭力量:如果沒有競爭,廠商會固守原有產品,而不去理會市場需要改變或技術進步,但競爭力逼使下,不得不努力發展新產品,以保持或增加市場地位。

(四)廠商自身追求成長:廠商為了追求營收額及獲利額不斷的成長,當然必須持續開發出新產品,才能帶動成長的要求。因為如果只賣既有產品,這些產品必然會面對競爭瓜分、面臨產品老化、面臨產品不夠新鮮而顧客減少等威脅,因此,廠商當然要不斷的研發新產品上市,才能保持成長的動能。

小博士解說

顏色決定產品命運
寶僑(P&G)公司在推出新洗潔精時,曾委外做包裝設計調查,將同樣洗潔精裝在三種不同顏色的包裝袋中給家庭主婦試用,結果令人吃驚。第一種黃色,陳列顯目,試用後反映洗淨力太強,會傷衣料。第二種藍色,清爽柔美,試用後反映洗淨力不夠,洗不乾淨。第三種藍色帶有黃點,清爽亮麗,最受家庭主婦喜愛,理由是洗淨力好,不傷衣料。

新產品上市重要性與理由

1. 取代舊產品

2. 增加營收額

3. 確保品牌地位及市占率

4. 提高獲利

5. 帶動人員士氣

新產品開發4合1部門合力打造

· 負責產品製造
　與品質控管

· 負責技術與商品開發

1. 研發部（R&D）
　開發部

4. 製造部

新產品開發策略
4合1部門

2. 行企部
（行銷企劃部）

3. 業務部
（營業部）

· 負責目標銷售群意見及需求調
　查，以及市場發展趨勢分析

· 負責通路商、零售商意見
　及需求調查

Unit **5-10**
新產品開發上市成功要素

依據眾多實戰經驗顯示，新產品開發及上市成功有以下要素，茲說明之。

一.科學數據為支撐的充分市調

從新產品概念的產生、可行性評估、試作品完成討論及改善、定價的可接受性等，行銷人員都必須有充分多次的市調，以科學數據為支撐；唯有徹底聽取目標消費群的真正聲音，才是新產品成功的第一要件。

二.產品要有獨特銷售賣點為訴求

新產品在設計開發之初，即須想到有什麼可作為廣告訴求的有力點，以及對目標消費群有利的所在點。這些即是獨特銷售賣點（Unique Sales Point, USP），以與其他競爭品牌區隔，而形成自身特色。

三.適當投入廣宣費用並成功展現

新產品沒有知名度，當然需要適當的廣宣費用投入，並做好創意的成功呈現，以打響這個產品及品牌的知名度。有了知名度就會有下一步可走，否則走不下去。因此，廣告、公關、媒體報導、店頭行銷、促銷等均要好好規劃。

四.定價要有物超所值感

新產品定價最重要是要讓消費者感到物超所值。尤其景氣低迷、消費保守的環境中，切記平價（低價）為主的守則。「定價」是與「產品力」的表現相對照，一定要有物超所值感，消費者才會再次購買。

五.找到對的代言人

有時為求短期迅速一炮而紅，可以評估是否花錢找到對的代言人，此可能有助於整體行銷的操作。過去也有一些成功案例，包括：Panasonic、黑人牙膏、大金冷氣、麥當勞、花王、禾聯、SK-II、台啤、白蘭氏雞精、City Café、OPPO手機、阿瘦皮鞋、維骨力、維士比、長榮航空、桂格、老協珍、娘家滴雞精等均是。代言人費用一年雖花300萬～1,000萬元之間，但效益若有產生，仍是值回票價。

六.通路商全力支持鋪貨

這是通路力的展現，就是通路全面鋪貨上架及經銷商全力配合主力銷售，也是新產品上市成功的關鍵。

七.產品成本控制得宜

產品要低價，則其成本就得控制得宜或是向下壓低，特別是向上游的原物料或零組件廠商要求降價，是最有效的。

新產品開發及上市成功10大要素

1.充分市調，要有科學數據的支撐	2.產品要有獨特銷售賣點為訴求
3.適當的廣宣費用投入且成功展現	4.定價要有物超所值感
5.找到對的代言人	6.全面性鋪貨上架，通路商全力支持
7.品牌命名成功	8.產品成本控制得宜
9.上市時機及時間點正確	10.堅守及貫徹顧客導向的經營理念

 ## 新產品發展失敗原因

根據實證研究顯示，新產品發展的成功比例，通常並不高，只有10%～30%，70%都是失敗的。研究其失敗原因，大概有以下幾點：

1.由於市場調查、分析與預估錯誤。
2.由於產品本身的缺失，無法做到預期的完滿。
3.成本預估錯誤。
4.未能把握適當的上市時機。（季節性、流行性、或是還不到成熟時機）
5.行銷通路未能做到及時與有力之配合。
6.由於市場競爭過於激烈，生存空間漸失。
7.由於行銷推廣預算支出之配合程度不足，導致產品知名度未能打開。

知識補充站

沒有不成功的道理

除左述新產品開發上市成功的要素外，再加上好的品名及正確的上市時間與顧客第一，廠商行銷沒有不成功的道理：

- 新產品的命名若能很有特色、很容易記憶、很容易叫出來，再加上大量廣宣的投入配合，就容易打造出品牌的知名度。例如：City Café、維骨力、Lexus汽車、iPod、iPhone、Facebook、SK-II、IG、林鳳營鮮奶、舒潔、舒酸定牙膏、白蘭、潘婷、多芬、黑人牙膏、王品牛排餐廳等均是。

- 有些產品上市要看季節性，要看市場環境的成熟度，若時機不成熟或時間點不對，則產品可能不容易水到渠成，要先吃一段苦頭，容忍虧錢，以等待好時機到來。

- 行銷人員及廠商老闆們，心中要隨時存著「顧客導向」的信念及作法，在此信念下，如何不斷的滿足顧客、感動顧客、為顧客著想、為顧客省錢、為顧客提高生活水準、更貼近顧客、更融入顧客的情境，然後不斷改革、創新，以滿足顧客變動中的需求及渴望。

Unit **5-11**
新產品開發上市流程步驟 Part I

廠商從新產品開發到行銷上市是一個複雜的過程,有其一定的步驟,計有十二項,缺一不可。由於內容豐富,分Part I及Part II介紹。

一.概念的首要產生(Idea)

首先,是新產品概念的產生或新產品創意的產生。這些概念或創意的產生來源,可能包括:1.研發(R&D)部門主動提出;2.行銷企劃部門主動提出;3.業務(營業)部門主動提出;4.公司各單位提案的提出;5.老闆提出;6.參考國外先進國家案例提出,以及7.委託外面設計公司提出等。

二.可行性初步評估(Feasibility Assessment)

其次,公司相關部門可能會組成跨部門的新產品審議小組,針對新產品的概念及創意,展開互動討論,並評估是否具有市場性及可行性。新產品審議小組成員,可能包括了:業務部門、行銷企劃部門、研發部門、工業設計部門、生產部門、採購部門等六個主要相關部門。可行性評估的要點,包括:1.市場性如何?賣得動嗎?2.與競爭者的比較如何?是否具有優越性?3.產品的獨特性、差異化特色,以及創新性如何?4.產品的訴求點如何?5.產品的生產製造可行性如何?6.產品原物料、零組件採購來源及成本多少?7.產品的設計問題能否克服?8.國內外是否有類似性產品?其發展及經驗如何?9.產品的目標市場為何?需求量是否夠規模化?10.產品的成功要素如何?可能失敗要素如何避免?11.產品售價估計多少?市場可否接受?

三.試作樣品(Sample)

通過可行性評估之後,即由研發及生產部門展開試作樣品,以供後續各種持續性評估、觀察、市調及分析的工作。

四.展開市調(Survey)與消費者測試

在試作樣品出來之後,新產品審議小組即針對試作品展開一連串精密與科學的詳實市調及檢測。市調的項目,可能包括:1.產品品質如何?2.產品功能如何?3.產品口味如何?4.產品包裝、包材如何?5.產品外觀設計如何?6.產品品名(名牌)如何?7.產品定價如何?8.產品宣傳訴求點如何?9.產品造型如何?10.產品賣點如何?

而市調及檢測的進行對象,可能包括:1.內部員工;2.外部消費者、外部會員;3.專業檢測機構,以及4.通路商(經銷商、代理商、加盟店)等。

在市調進行的方法包括:1.網路會員市調問卷;2.焦點團體討論會(FGI、FGD);3.盲目測試(Blind Test)(即不標示品牌名稱的試飲、試吃、試穿、試乘)及4.電話問卷訪問等。

五.試作品改良(Improvement)

試作品針對各項市調及消費者意見,將會持續性展開各項改良、調整等工作,使新產品達到最好的狀況。改良後的產品,常會再一次進行市調,直到消費者滿意。

新產品開發到上市流程步驟

一.概念

新產品概念及創意產生。

二.評估

針對新產品概念開會討論及評估可行性。

三.試作品

可行後，做出試作品。

四.市調

針對試作品的包裝、設計、品味、功能、品質、包材、品名（品牌）、定價、訴求點等展開消費者市調工作，以確認市場可行性。

五.產品改良

試作品根據市調，持續性進行改良及再市調。

六.訂定價格

業務部決定價格（售價）。

七.評估銷售量／開始生產

業務部評估每週、每月的可能銷售量，準備進入量產。

八.鋪貨上架

全臺各通路展開全面性鋪貨上架。

九.記者會

召開新產品上市記者會。

十.廣宣活動

鋪好貨後，展開全面性整合行銷與廣宣活動，打響品牌知名度及促進銷售。

十一.觀注成效

上市後，每天觀察及分析實際銷售狀況如何？

十二.檢討改善

展開檢討與針對缺失，立即調整改善。

(一)暢銷 → 歸納出來成功因素

(二)銷售不理想 → 研擬因應對策及分析原因

日常持續性行銷活動

085

Unit **5-12**
新產品開發上市流程步驟 Part II

接下來，繼續介紹將進行的七項流程與步驟，並舉例說明如右頁。

六.訂定價格

業務部將針對即將上市的新產品展開價格決定的工作。訂定市場零售價及經銷價是何等重要，價格訂不好，將使產品上市失敗。如何訂一個合宜、可行且市場又能接受的價格，必須考慮：1.是否有競爭品牌？他們定價多少？2.是否具有產品獨特性？3.產品所設定的目標客層是哪些人？4.產品定位在哪裡？5.產品基本成本及應分攤管銷費用多少？6.產品生命週期處在哪一個階段性？7.產品品類為何？品類定價慣例為何？8.市場經濟景氣狀況？9.是否有大量廣宣費用投入？10.消費者市調結果如何？

七.評估銷售量／開始生產

業務部應根據過去經驗及判斷力，評估新產品每週或每月應該可有的銷售量，避免庫存積壓過多或損壞，並且準備即將進入量產計畫。

八.鋪貨上架

業務部同仁及各分公司或辦事處人員，即應展開全省各通路全面性鋪貨上架的聯繫、協調及執行實際工作。

九.舉行記者會

在一切準備就緒之後，行銷企劃部就要與公關公司合作或自行舉行新產品上市記者會，作為打響新產品知名度的第一個動作。

十.廣宣活動展開

鋪好貨幾天後，即要迅速展開全面性整合行銷與廣宣活動，打響新品牌知名度及協助促進銷售。這些密集的廣宣活動，可能包括了精心設計的：1.電視廣告播出；2.平面廣告刊出；3.公車廣告刊出；4.戶外牆面廣告刊出；5.網路行銷活動；6.促銷活動的配合；7.公關媒體報導刊出的配合；8.店頭（賣場）行銷的配合；9.評估是否需要知名代言人，以加速帶動廣宣效果；9.異業合作行銷的配合；10.免費樣品贈送的必要性，以及11.其他行銷活動等。

十一.觀察及分析銷售狀況

業務部及行企部必須共同密切注意每天傳送回來的各通路實際銷售數字及狀況，了解是否與原訂目標有所落差。

十二.檢討改善

最後如果是暢銷的話，就應歸納出上市成功的因素；若是銷售不理想，則應分析滯銷原因，研擬因應對策及改善計畫，即刻展開回應與調整。如果一個新的產品在一個月內均無起色，就會陷入苦戰；若一年內救不起來，則可能要考慮下架而宣告上市失敗，並記取失敗經驗。如果是銷售普遍，則可持續進行改善，一直到好轉為止。

日本小林製藥公司暢銷商品開發5階段

一.創意提案

1.已連續25年,全體員工參加「提案制度」。
2.每月一次舉辦兩天一夜的「創意合宿」會議。

- 從2,000名員工中,蒐集新商品創意,每年約2萬件創意提案。
- 每年從顧客端,蒐集顧客聲音及意見4萬件。

二.概念立案及試作品作成

1.由中央研究所及品牌經理負責新產品的企劃到開發完成。
2.將試作品交給600人固定顧客群試用,並展開家戶訪談及小型焦點座談等調查機制。

- 平均十三個月即完成新商品開發(從idea創意到商品上架銷售)。

三.銷售戰略規劃檢討

1.以品牌管理為中心,展開各種行銷企劃活動,包括:商品命名、廣告宣傳規劃、媒體公關規劃、通路布置、價格訂定、行銷支出預算、營收預估等。

- 由300人的營業團隊,負責全國營收較大的8,300家店面賣場的安排及促銷。

四.新商品製造與上市銷售

1.有些商品為控制設備投資,故初期均委外生產。
2.正式上市銷售。

- 每年有15個新品項上市銷售,占全年營收額10%。
- 每四年內的新商品上市銷售額,占全年總營收額35%。

五.營收及獲利擴大

1.在一段時間後,若產品能獲利,即改為內製、減少外製。
2.行銷策略因應環境而不斷的調整應變,要求達成預估的業績目標。

- 持續改善及降低製造成本。

新產品上市應考慮的思考點

1.是否要找代言人?找誰最適當?	2.此波有多少行銷支出預算?	3.找哪家廣告公司拍TVCF?如何拍得吸引人?能叫好又叫座?	4.找哪家媒體代理商提出媒體企劃及購買案?或是IMC提案?
5.找哪家公關公司舉辦新品上市記者會?如何舉辦?	6.規劃何種促銷搭配活動?	7.定價是否具有競爭力?	8.通路據點布置上架是否完成?
9.產品是否具有競爭力?產品獨特賣點或特色為何?	10.主軸傳播行銷策略應如何?	11.規劃何種店頭行銷活動?	12.規劃何種Event活動?

Unit 5-13
新產品創意發想

如何成功的自我行銷，已經是一個耳熟能詳的課題。

最普遍看到的是企業新產品問市前後一連串的市調、試用、試吃及後來的正式發表，其中最為重要的是要如何在短時間內，讓消費者記住新產品呢？

是不是一個好的創意，就能勾起消費者心中某些深藏已久的記憶，進而讓他產生購買的慾望及行動呢？

因此，好的創意對新產品問市的成功與否，也相當具有某種程度的重要性。

但要如何才能產生好的創意呢？以下我們就來探討。

一.創意的發想動機及著眼點

新產品創意發想的動機及著眼點，如果從大方向來看，應該從以下六點思考及分析：

(一)**經營課題**：本公司、本事業部門及本品牌單位的現在及未來經營課題何在？這是一個基本方針的思維核心點。

(二)**市場及生活環境的變化**：本公司對外部市場及消費者生活環境的變化，有何詮釋、分析、評估？

(三)**技術革新的動向**：本公司對整個技術革新與技術創新的動向，有何掌握及預判？

(四)**對未來商品與服務的觀察及洞見**：本公司對未來開發的新商品或新服務，有何觀察及洞見？為何有此洞見？這些洞見是正確無誤的嗎？

(五)**對新商品與新服務的發想、願望及夢想**：本公司對未來新商品、新服務的型式、樣態、內涵、呈現、視覺、功能及目標、目的等，有何嶄新的感想？有何願望？有何夢想？這些發想、願望、夢想，足以呼應及滿足上述（一）至（四）項的變化及洞見嗎？

(六)**大方向——新創意、idea產生**：基於上述一連串縝密的分析、問題、討論、辯證、情報、調查、研判及抉擇，然後就可得出對未來本公司、本事業的新產品、新創意、idea產生的根本方針與原則。

二.新產品開發的創意來源

新產品開發的創意（idea）來源，其實是可以很多元化與多角化的。一般的企業，仰賴產品創意的來源，只侷限自己的研發部門或商品開發部門的有限人力，這樣是不夠的。

卓越企業的新產品開發源源不斷，主要是仰賴了多元化、豐富化的來源。右頁圖示，即詳列多元化產品創意的來源，供企業選擇評估之用。

新產品開發創意的來源

Idea

1.商品研發部門	2.研發技術部門
3.員工全員提案	4.顧客、會員提案
5.內部動腦會議	6.外部顧問、專業機構
7.第一線銷售人員及服務人員	8.老闆提供
9.外部競賽得獎的創意	10.國外先進企業參訪及參展心得

新商品創意的資訊情報來源

（一）需求來源

1.政府刊物
2.同業刊物
3.書報雜誌
4.通路商意見與調查
5.消費者民調
6.供應商意見與調查
7.產業深入調查
8.學者專家意見
9.營業部意見與經驗
10.消費者、網友及會員意見
11.技術的長期預測報告

（二）成功案例

1.國外成功案例
2.競爭對手成功案例
3.他業種成功案例
4.國外參展所見

（三）技術可行性

1.技術、科學刊物
2.政府科技報告
3.技術研討會
4.國外先進國家及企業借鏡
5.產業公會技術報告
6.特許權情報

（四）本公司強弱點

1.本公司在研發技術能力上的強與弱
2.本公司在行銷能力上的強與弱
3.本公司在生產製程上的強與弱
4.本公司在該類創意領域上的經驗
5.本公司願意投入的資源強與弱

第 **6** 章

品牌策略

● 章節體系架構

Unit **6-1**
品牌的意涵與微笑曲線

企業是否該有自己的品牌？品牌重要嗎？

我們從桂格創辦人John Stauart的這句話：「如果企業要分產的話，我寧可取品牌、商標或是商譽，其他的廠房、大樓、產品，我都可以送給你。」即可得知無形的資產，比有形的資產更為重要、更不易買到，同時也道出了品牌的重要性。

一.臺灣的微笑曲線：研發及品牌，才有高附加價值

宏碁前董事長施振榮先生在多年以前，即首創有名的「微笑曲線」（Smile Curve）。他認為企業要創造更高的價值，只有靠二種（如右頁圖所示）：一是靠左端的研發（R&D）與工業設計；二是靠右端的通路與品牌。比較低價的，則是下端的OEM代工製造業。他認為臺灣只在左端研發及下端代工有發展，但右端全球化通路及全球化品牌仍很脆弱。

二.品牌定義：消費者感受到這個產品或這個服務業的所有經驗之總合

全球奧美集團執行長蘭澤女士（Shelly Lazarus）的品牌經驗分享如下：

(一)品牌打造（Brand-building）與做廣告不一樣：品牌是感受一個品牌的所有經驗，包括：產品包裝、通路便利性、媒體廣告、打電話到客服中心的經驗等之總合。如果有不好的經驗或不太滿意出現時，就會對這家企業、這個品牌打了折扣或傳出壞口碑，甚至導致不購買、不消費的嚴重性。

(二)必須以消費者的經驗（體驗）角度檢視品牌：要主動考察、訪視、感受消費者接觸自家品牌的每一個可能點，去體驗品牌如何傳遞及有何不足。

(三)掌握住關鍵時刻：每一個與消費者接觸的第一個「關鍵時刻」（Moment of Truth, MOT）都非常重要，都必須有高品質與高素質的服務人員去執行。

三.桂格創辦人對品牌詮釋

桂格創辦人John Stauart對品牌詮釋如下：

「如果企業要分產的話，我寧可取品牌、商標或是商譽，其他的廠房、大樓、產品，我都可以送給你。」（If this business were to be split up, I would take the brands, trademark, and good will.）

由此得知他的理念是，廠房、大樓、產品都可以在很短時間內，建造起來或委外代工做起來，但是要塑造一個全球知名、好形象的品牌或企業商譽，就必須花很久及很多心力，才能打造出來，而且不能複製第二個同樣品牌。因此，品牌與人的生命一般的緊密。

可見無形的資產，比有形的資產更為重要，更不易買到。

施振榮前董事長的「微笑曲線」

高

附加價值、利潤

高附加價值

- 研發（R&D）
- 工業設計

- Google
- 液晶電視
- MP3/iPod
- 名牌精品
- 高級轎車（雙B/Lexus）
- 精密醫療設備
- 自行車

〈品牌的臺灣〉
Brand in Taiwan

〈製造的臺灣〉
Made in Taiwan

低附加價值

- 品牌
- 通路

（高品牌知名度、形象度、好感度）
（有通路，就有市場）

高附加價值

（大通路/大市場）（美國/中國/歐洲/日本/東南亞）
（通路為王）
（零售價為3倍出廠價）
（1,000美元→3,000美元）

- 製造

- （低價值/臺灣NB代工毛利率5%-8%而已）
- 臺灣NB代工大國、手機代工大國、LCD TV、iPod、PS3、Monitor等代工大國
- Dell、HP、Nokia、Moto、SONY、TOSHIBA、APPLE、Panasonic等產品，大部分都是臺灣代工

低

價值創造活動

➡ 臺灣欠缺世界品牌的問題思考

1. 臺灣的2,300萬人消費市場太小了
2. 臺灣過去重製造，輕行銷
3. 臺灣經濟發展歷史不夠長久
4. 廠商短視近利，不願投資品牌
5. 過去政府鼓勵不足，現在已有改善

品牌（Brand）意義

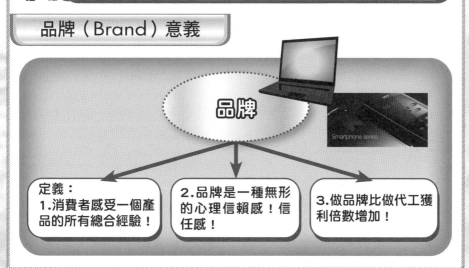

品牌

Smartphone series

定義：
1. 消費者感受一個產品的所有總合經驗！

2. 品牌是一種無形的心理信賴感！信任感！

3. 做品牌比做代工獲利倍數增加！

093

品牌業 vs. 代工業，哪個獲利大：57對1之比例

知識補充站

根據*Business Week*在2002年度，曾做過一份全球前一百大企業，在當年度共創造獲利額2,280億美元，但這些公司在亞太地區的代工廠商獲利僅40億美元，二者獲利比率為57:1，相當懸殊，顯示品牌與代工業在獲利效益上的嚴重失衡。

Unit **6-2**
品牌資產意義與品牌管理

　　隨著產業變化快速、競爭加劇，品牌管理也愈形重要。

　　然而品牌究竟有何意義？嚴格來說，它就是企業「品格」的一種代表。

　　有效的品牌管理，能創造產品的差異性，建立消費者的偏好與忠誠，讓企業因此搶下市場大餅。換言之，較差的品牌管理，則將讓企業的產品在市場上被淹沒。

一.品牌資產的意義（Brand Asset）

　　大衛・艾格（David Aaker）教授更認為，明星品牌權益是一組和品牌、名稱及符號有關的資產，這組資產可能增加產品（或服務）所帶來的權益。

　　品牌的權益內容為何，就大衛・艾格在《管理品牌權益》（*Managing Brand Equity*）一書中所提，其內容包括：1.品牌忠誠度（Brand Loyalty）；2.品牌知名度（Brand Awareness）；3.知覺到的品質（Perceived Quality）；4.品牌聯想度（Brand Associations）：想到Nike、Starbucks、McDonald's、Cocacola、雀巢（Nestle）、SK-II、資生堂等，就跟他們的產品性質及特色有關聯，以及5.其他專有資產。

二.品牌管理的範圍（Brand Management）

　　品牌管理如果有做到以下兩大範圍，那就很容易達到讓消費者買單的目的：

　　（一）做好產品管理：當企業做好：1.研發的設計管理；2.製造與生產的管理；3.品質控管的管理，以及4.供應鏈的管理等，即能完全展現產品力。

　　（二）做好市場管理：企業要做好行銷管理：1.顧客導向；2.S-T-P架構決策；3.行銷4P/1S組合；4.360度整合行銷傳播，以及5.售後服務等，即能完全展現行銷力。

　　完整的產品力加上完整的行銷力，企業搶下市場大餅，指日可待。

小博士解說

史蒂芬・金對品牌的看法

許多公司都了解品牌不僅是公司的商標、產品、象徵或是名稱。對產品與品牌之間的差異，美國知名恐怖小說暢銷作家兼具導演、編劇及演員多重身分的史蒂芬・金（Stephen King），曾提出一個很實用的論點：「產品是來自工廠，而消費者購買品牌。產品可以複製，品牌卻是獨一無二的。產品很快就過時了，但精心策劃的成功品牌，卻永垂不朽。」一語道盡了品牌的多重意義，不愧是榮獲美國文學傑出貢獻獎的美國現代大文豪。

品牌權益的5個項目概念（Brand Equity）

1.知覺的品質
（品質度及質感度）

2.品牌知名度

5.其他資產權益
（特許權、商標權、顧客資料庫等）

品牌權益

4.品牌忠誠度

3.品牌的聯想
（聯想度）

對顧客的意義（價值）

1.顧客購買及消費決定的確信
2.使用時的滿足感
3.顧客情報的解釋及處理
EX：試想對LV、SK-II、Chanel、Gucci、BENZ等購買及使用時的品牌資產，所帶給顧客的意義及價值是什麼？

對廠商的意義（價值）

1.帶來行銷活動的效率及有效性
2.帶來品牌忠誠度
3.價格與利潤
4.品牌的擴張
5.競爭優勢

做好品牌權益的管理

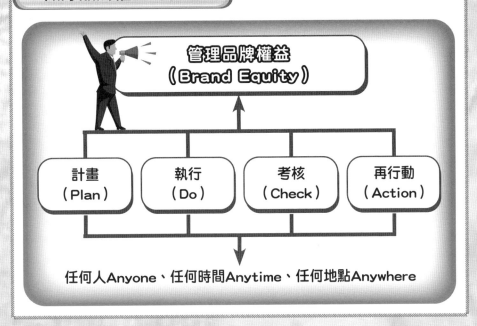

管理品牌權益
（Brand Equity）

| 計畫（Plan） | 執行（Do） | 考核（Check） | 再行動（Action） |

任何人Anyone、任何時間Anytime、任何地點Anywhere

Unit **6-3**
品牌名稱特性及測試方法

　　品牌名稱的功用一如人的名字一樣，是由一個字或是一組文字所組成，也就是說，其本身單獨是沒有意義的，除非你用一段有指示性並可加以解釋的文句賦予其中意義，如此一來，品牌名稱便有了自己的生命。

　　因此，一個好的品名，能讓消費者一聽一看之間，就能了解到它所要傳達的訊息。所以企業在顧及產品策略與消費層的全盤考量下，為自己量身訂做一個品牌名稱是很重要的。用一點心思，或許可在日後產品之路上，收取事半功倍的效果。

一.品名應具備之特質

　　(一)能夠表現帶給顧客什麼好處：好的品名應該能夠表現出能給顧客帶來的好處，例如：統一Dr. Milker鮮乳、北海道鮮乳、香雞漢堡、蠻牛、最佳女主角、吉列牌刮鬍刀、滿漢大餐速食麵、舒酸定牙膏、美廉社、維骨力、克蟑、足爽、好自在等。

　　(二)能夠表現產品品質：同樣的，好的品名應該能夠表現出產品的品質，包括：性能、色彩或造型上。例如：iPhone、賓士轎車、愛馬仕精品、香奈兒精品。

　　(三)易於發音及辨識：好的品名應該能夠很容易發音、辨認和記憶，例如：黑人牙膏、賓士轎車、保肝丸、台灣大哥大、acer、Lexus（凌志）汽車、iPad、iPhone、國泰人壽等、ASUS。

　　(四)具有獨特性：好的品名應該具有若干的獨特性，例如：貝納頌咖啡、可口可樂、保力達、馬力夯、茶裏王、左岸咖啡、多喝水、舒跑、多芬洗髮乳、SK-II化妝品、Dior（迪奧）化妝品、植村秀化妝品等。

　　(五)品名字數要短：品名最好中文字在三個字以內，比較容易記住。

二.品名測試方法

　　企業可邀請員工及外部消費者，提出幾個預備的品名（品牌），展開下列各種測試，包括：

　　(一)偏好測試（Preference Test）：測試哪個名稱最受人喜愛。

　　(二)記憶測試（Memory Test）：測試哪個名稱最讓人記憶深刻。

　　(三)學習測試（Learning Test）：測試哪個名稱最好發音。

　　(四)聯想測試（Association Test）：測試看到某品牌後，會讓人聯想起什麼或回憶起什麼事情。

　　(五)總合測試（Summary Test）：測試選擇哪個是最理想、最優先的一個名稱。

品名應具備特質

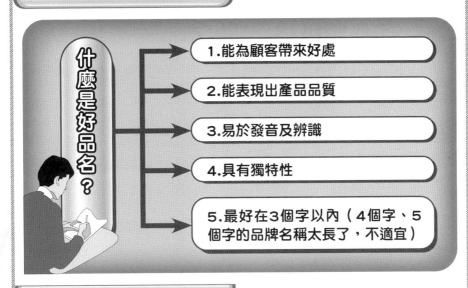

什麼是好品名？

1. 能為顧客帶來好處

2. 能表現出產品品質

3. 易於發音及辨識

4. 具有獨特性

5. 最好在3個字以內（4個字、5個字的品牌名稱太長了，不適宜）

品名測試方法

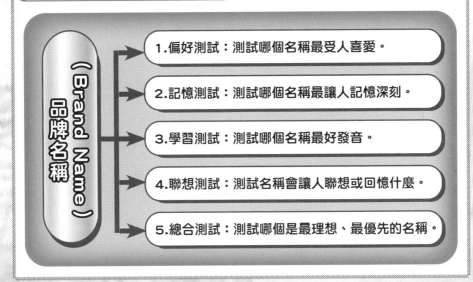

品牌名稱（Brand Name）

1. 偏好測試：測試哪個名稱最受人喜愛。

2. 記憶測試：測試哪個名稱最讓人記憶深刻。

3. 學習測試：測試哪個名稱最好發音。

4. 聯想測試：測試名稱會讓人聯想或回憶什麼。

5. 總合測試：測試哪個是最理想、最優先的名稱。

知識補充站

About La New

- La New是義大利語，翻成英文是The New，也就是新穎、摩登的意思。

- 該品牌是銷售專業氣墊鞋，以健康、舒適、品質為主，專為顧客提供一雙合腳的鞋，所以La New想傳達的商業訊息是——地表上最舒適的步行工具。

Unit 6-4 多品牌策略

何謂「多品牌策略」（Multi-brand Decision）？它是指廠商在同一產品中推出兩個或更多的品牌，使其產品互相競爭，而達到鞏固市場的目的。

圖解行銷學

一.多品牌策略的成功案例

屹立民生消費產業超過180年的P&G，是由一位蠟燭製造商與一位肥皂製造商共同成立的，目前已跨足紙類、食品、香皂、藥品、飲料、美容、美髮等不同業別，總共300多項產品，在臺灣也上市了多項產品。

每一種品牌都有一組人專門負責該品牌的管理，也各自擁有一套行銷策略，這就是P&G首創的「品牌管理系統」。

最早可追溯自1881年P&G推出Ivory象牙皂，1962年又推出Camay佳美香皂，而同時擁有二種互相競爭的品牌，是現行「品牌經理制度」的雛形。這種透過以品牌經理為核心的品牌經營團隊，共同為品牌打拼，是P&G的最佳法寶。

二.廠商運用多品牌策略的原因

(一)**商品陳列架的空間有限**：零售市場上，商業陳列架的空間有限，每個品牌的競爭激烈，每一產品可分配的空間有限，多品牌的陳列，加總所占的空間自然較多。

(二)**可抓住一些品牌轉換者的消費群**：所謂消費者的忠誠也成問題，消費者為嘗試新產品，經常轉換品牌以比較優劣，廠商推出多品牌，可以抓住這些品牌轉換者的消費群。

(三)**較易激發組織內部的效率和競爭**：從企業本身而言，多推出新品牌，較易激發組織內部的效率和競爭，例如：寶僑公司的多品牌政策，可激勵品牌經理間的士氣和效率競爭。

(四)**利於不同市場區隔**：企業運用多品牌策略，較利於不同的市場區隔。消費者對各種訴求和利益有不同的反應，不同品牌間縱然差異不大，但也可以激起消費者的反應。

(五)**對總業績有幫助**：寶僑公司的洗髮精產品共推出四個品牌，包括海倫仙度絲、潘婷、飛柔和沙宣。品牌互相競爭後，個別品牌的市場占有率可能略損，但四者總銷售量卻增加了。雖然許多人認為，多品牌競爭會引起企業內部各兄弟單位之間經營各自品牌自相殘殺的局面，寶僑則認為，最好的策略就是自己不斷攻擊自己。這是因為市場經濟是競爭經濟，與其讓對手開發出新產品瓜分自己的市場，不如自己向自己挑戰，讓自家企業各種品牌的產品分別占領市場，以鞏固自己在市場的領導地位。

(六)**為追求更大的目標**：廠商為尋求更高市場占有率之目標與更大之銷售利潤。

(七)**新品牌終有一天也會變成舊品牌**：為了確實把握未來之市場，必須不斷的推陳出新，永遠讓客戶感覺是一家創新與活力之企業。

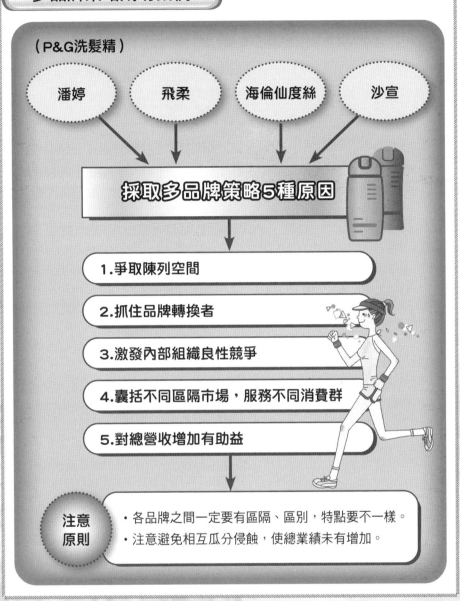

多品牌策略成功案例

（P&G洗髮精）

潘婷　　飛柔　　海倫仙度絲　　沙宣

採取多品牌策略5種原因

1. 爭取陳列空間

2. 抓住品牌轉換者

3. 激發內部組織良性競爭

4. 囊括不同區隔市場，服務不同消費群

5. 對總營收增加有助益

注意原則
- 各品牌之間一定要有區隔、區別，特點要不一樣。
- 注意避免相互瓜分侵蝕，使總業績未有增加。

知識補充站

多品牌策略的考量
在採行多品牌決策時，尚須考量兩個問題：
- **定位與市場之區別**：產品定位與目標市場之方向，應與原有品牌有所區別。
- **無法區別的影響**：如果沒有顯著區別，應考慮是否會搶走原有品牌之客戶，而無法達成銷量增加之目的。

Unit **6-5**
製造商品牌與零售商自有品牌

　　目前在市場流通的品牌有兩大類型：一是全國性製造商製造的品牌；一是由零售商自行開發生產的品牌。而零售商為何不單單以通路為滿足，卻要發展自有品牌呢？因為微利時代的來臨，而改變了原本的經營型態。

一.NB品牌與PB品牌（Private Brand, PB產品；或稱Private Label, PL）

　　（一）全國性或製造商品牌：英文為National Brand或Manufacture Brand，簡稱NB或MB，例如：黑松汽水、光泉鮮奶、統一速食麵、味全醬油、桂格燕麥片、克寧奶粉、金車飲料、中華三菱汽車、裕隆汽車、東元家電、華碩電腦、技嘉主機板、三陽機車、義美食品、可口可樂汽水、SK-II保養品、多芬洗髮乳、雀巢咖啡、資生堂化妝品、捷安特自行車、松下家電等。

　　（二）零售商、自有品牌或通路品牌：英文為Retail Brand或Private Brand，簡稱PB，例如：統一超商、萊爾富、全家、家樂福、大潤發、Costco等零售商自行所推出的委外代工（OEM）或自己生產之產品。例如：關東煮、涼麵、御便當、御飯糰、大燒包、礦泉水、洗髮精、洗衣精、雨傘、掃具、塑膠品、衛生紙等。

二.大型零售商發展自有品牌的利益點

　　大型零售商發展自有品牌的利益點，主要有以下幾項：

　　（一）自有品牌產品毛利率較高：通常高出全國性製造商品牌的獲利率；換言之，如果同樣賣出一瓶洗髮精，家樂福自有品牌的獲利，會比潘婷洗髮精製造商品牌的獲利，更高一些。

　　（二）微利時代來臨：由於國內近幾年來國民所得增加緩慢，貧富兩極化日漸明顯，M型社會來臨，物價上漲，廠商加入競爭者多，每個行銷都是供過於求，再加上少子化及老年化，以及兩岸關係停滯，使臺灣內需市場並無成長的空間及條件。總體來說，就是微利時代來臨了。面對微利時代，大型零售商自然不能坐以待斃，因此就尋求自行發展且有較高毛利率的自有品牌產品。

　　（三）發展差異化的導向：以便利商店而言，小小的30坪空間，能上貨架的產品並不多。因此，不能太過於同質化；否則會失去競爭力及比價空間。故便利超商也紛紛發展自有品牌產品，例如：統一超商有關東煮、各式各樣的鮮食便當、open小將產品、7-11茶飲料、嚴選素材咖啡、City Café 現煮咖啡等上百種之多。

　　（四）滿足消費者低價或平價需求：此為最後一個原因，即在通膨、薪資所得停滯及M型社會成形下，有愈來愈多的中低所得者，愈來愈需求低價品或平價品。所以到了各種賣場「週年慶、年中慶、尾牙祭」以及各種促銷折扣活動時，就可以看到很多的消費人潮湧入，包括：百貨公司、大型購物中心、量販店、超市、美妝店或各種速食、餐飲、服飾等連鎖店，均是如此現象。

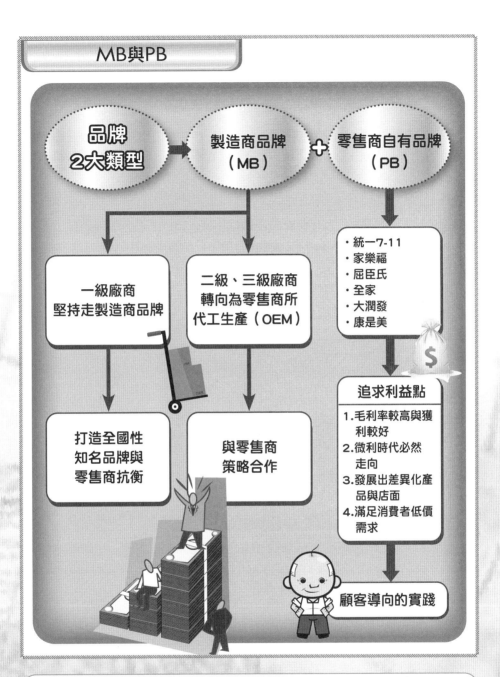

MB與PB

品牌
2大類型

→ 製造商品牌
（MB）

＋ 零售商自有品牌
（PB）

一級廠商
堅持走製造商品牌

二級、三級廠商
轉向為零售商所
代工生產（OEM）

- 統一7-11
- 家樂福
- 屈臣氏
- 全家
- 大潤發
- 康是美

打造全國性
知名品牌與
零售商抗衡

與零售商
策略合作

追求利益點

1. 毛利率較高與獲利較好
2. 微利時代必然走向
3. 發展出差異化產品與店面
4. 滿足消費者低價需求

顧客導向的實踐

知識補充站

陳列上的優勢

零售商經營自有品牌時，在陳列方式上，往往將自有品牌貼近品類的領導品牌。甚至使自有品牌與領導品牌的外觀設計極為相似，消費者一不小心就會拿錯。如沃爾瑪就喜歡把自有品牌Equator的洗髮精和寶僑的飛柔擺在一起，很容易使自己的Equator洗髮精得到試用，取得了很好的促銷效果。

Unit 6-6
企業常用品牌策略模式

企業為了求生存，除了主力品牌外，也會隨著外在環境的變化，而做不同產品及品牌組合行銷的策略方式，搶占不同市場區隔與消費族群，以擴大市占率及獲利率。

企業常用的品牌策略模式有六種，以下說明之。

一.單一品牌策略

又稱獨立品牌策略（Independent Brand Strategy），例如：黑人牙膏、舒潔衛生紙、acer、ASUS、白蘭洗衣精、Dior（迪奧）、Prada、Hermes（愛馬仕）、Chanel（香奈兒）、Cartier（卡地亞）、寶格麗（BVLGARI）、萬寶龍等國內外知名且長久的單一獨立品牌，迄今都未更改過。

二.家族品牌策略

家族品牌策略（Family Brand Strategy），例如：國內的大同、東元、歌林、松下、三立電視臺、民視、富邦、國泰、臺塑等，以及國外的時代華納、三星、微軟、Dell、HP（惠普）等均屬之。

三.多品牌策略

多品牌策略（Multi-brand Strategy），例如：P&G公司的洗髮精即有4種之多，包括：潘婷、海倫仙度絲、飛柔、沙宣等。統一企業茶飲料也有茶裏王、麥香、統一、純喫茶等4種之多；統一鮮奶也有瑞穗、Dr. Milker等至少2種之多。聯合利華的洗髮精或沐浴精也有Dove（多芬）、Lux（麗仕）、Mod's Hair等至少3種以上的品牌。

四.公司＋個別品牌策略（母子品牌連結）

公司+個別品牌策略（Corporate+Individual Brand Strategy），例如：豐田汽車的TOYOTA（公司品牌）+Lexus、Camry、Altis、Corolla、Yaris、Wish等個別品牌。另外，SONY母公司也是有很多品牌，例如：筆記型電腦的VAIO、液晶電視機的BRAVIA、數位照相機的Cyber-Shot、數位錄放影機等，也屬此種模式，又可稱為母子品牌連結的品牌策略。

五.零售商自有品牌策略

自有品牌（Private Brand，又稱PB）策略，係指零售商所推出的自有品牌為主，例如：統一超商推出思樂冰、關東煮、鐵路便當、icash卡、ibon便利站、18°C飯糰、7-11茶飲料、7-11嚴選咖啡、open小將爆米花、商務御便當、三明治、City Café（現煮咖啡）等；或是像臺灣Costco推出的「Kirkland」自有品牌；家樂福推出的「家樂福」品牌產品等。

六.副品牌策略

見右頁說明。

企業常用6種品牌策略

1.單一（獨立）品牌（Single Brand）

2.家族品牌（Family Brand）

3.多品牌（Multi-brand）

4.公司＋個別品牌（Corporate+Individual Brand）

5.自有品牌（Private Brand）（PB品牌）

6.副品牌策略（Vice-brand）

有時為了面對競爭對手採用低價攻擊我們的主力品牌，但我們又不宜隨之降價時，即推出一個同樣是低價位的副品牌以應戰，此稱為副品牌策略（Vice-brand Strategy）。例如：頂新在中國康師傅打回臺灣時，擺明的攻擊統一企業50%速食麵市場，當時一上市，康師傅以最低價16元賞味價殺出，比一般23元～25元低了很多，逼使統一企業不得不推出大約20元低價的阿Q桶麵以應對。

企業求生存戰略

不同產品策略 ＋ 不同品牌策略 → 搶占不同市場區隔與消費族群

・擴大市占率　・擴大獲利
・擴大營收　　・擴大市場

Unit **6-7**
統一企業深耕品牌經營

統一企業為落實品牌精耕，自2007年起，將每年營收超過1億元的品牌，列為重點經營的項目，當時共計有46個品牌，利潤貢獻占84%，成為統一企業獲利的主要來源。

一.品牌劃分為四個等級

統一將品牌區分為四個等級如下：

(一)大品牌（Mega Brand）：年營收10億以上，計有7個品牌，包括：麥香、茶裏王、統一優酪乳等。

(二)準大品牌（Pre-mega Brand）：年營收5億～10億之間，計有9個品牌。

(三)Working品牌：年營收2億～5億之間，計有17個品牌。

(四)小而美品牌：年營收1億～2億之間，計有11個品牌。

二.到零售店現場做品牌調查

品牌劃分等級後，接下來，要走對的方向才有用。統一乳飲群前副總黃瑞典以消費者觀察為例，製造商傳統作法是關起門透過市調做行銷，他則要求乳飲群真正走進目標對象經常消費的7-11、全家等便利商店做調查，精準挖掘消費者的消費行為。

三.堅持及維護品牌一致性

品牌方向走對了，長期仍要維護、堅持一致性，才能讓消費者慢慢認同。這些年通路為了求績效，促銷愈玩愈深，飲料廠商包括統一，都會被要求「撩」下去做低價促銷。如今統一堅持不做，寧願忍受消費者轉移，短期業績減少之痛，也不做傷害品牌的事。2010年7-11整店行銷要求飲料做7.11折，統一堅持底限8折。

又如純喫茶曾提出要跟衝浪運動結合，純喫茶的定位是俗又大碗賣給年輕人的飲品，但玩衝浪的人偏向有錢有閒的年長者，沒有延續性就做不得。

四.成功關鍵：專注走「品牌管理」之路

統一做飲料，曾有過很長的時間走老二路線，現在手上卻握有最多第一品牌，其中的峰迴路轉，統一企業乳飲群前副總黃瑞典透露，「回到基本面，走品牌之路是關鍵。」黃瑞典認為，「做品牌，方向走對可以獲得管理績效，做錯事卻是會蝕本，一切回到基本面取捨。」

五.商品力＋品牌行銷為致勝之道

黃瑞典指出，臺灣飲料多樣化，新品行不行，上架一個月就知道，三個月可以斷生死，不像乳品市場比較簡單，可以用較長時間經營一個品牌；再來，統一擁有通路固然是優勢，但商品上架的最後，還是要靠商品力和品牌行銷，才能創造銷售。

統一企業品牌經營術

深耕超過1億元營收的品牌

↓

品牌劃分為4等級

1. 大品牌
（10億以上）
2. 準大品牌
（5～10億）
3. Working品牌
（2～5億）
4. 小而美品牌
（1～2億）

↓

到零售店現場做品牌調查

↓

堅持及維護品牌一致性

↓

專注品牌經營

↓

致勝之道
商品力+品牌行銷力

統一企業 ®

知識補充站

統一企業標誌的意涵

統一企業標誌，係由英文字"PRESIDENT"之字首"P"演變而來。翅膀三條斜線與延續向左上揚的身軀，代表「三好一公道」的品牌精神（即品質好、信用好、服務好、價格公道），另一方面也象徵以愛心、誠心、信心為基礎，為消費者提供商品及服務，以及產品其中創新突破的寓意。底座平切的翅膀，則是穩定、正派、誠實的表徵。整個造型象徵超越、翱翔、和平，以及帶向健康快樂的未來。

Unit **6-8**
品牌經理需要內外部單位協助

品牌經營必須與內部各單位及外部協力單位，共同努力合作，才能做好品牌行銷的成功績效。

《動腦》雜誌曾為文說明品牌經理的內外部協助單位工作支援的內容，茲摘錄如下。

一.外部協助單位

(一)**廣告公司**：負責1.工作內容指示（Briefing）；2.廣告策略討論；3.提案修改、確認，以及4.事後評估討論。

(二)**媒體發稿代理商**：負責1.媒體策略討論；2.要求廣告報價；3.通知媒體購買；4.安排CUE表（媒體排期表），以及5.事後評估評論。

(三)**公關公司**：負責1.工作內容指示；2.公關策略討論；3.提案修改、確認；4.新聞內容資料提供；5.活動相關製作物確認；6.活動各項細節確認，以及7.事後評估討論。

(四)**市調公司**：負責1.工作內容指示；2.提案修改、確認；3.市調細節確認；4.調查報告分析，以及5.擬定行動方案。

(五)**設計公司**：負責工作內容指示，及提案修改、確認。

(六)**活動公司**：負責1.活動案確認、細節擬定；2.相關製作物製作；3.溝通公司內部相關部門配合；4.確認活動順利執行，以及5.事後評估討論。

(七)**數位行銷公司**：負責聽取提案，及尋找評估合適媒體。

(八)**製作物／贈品公司**：負責尋找合作廠商提供製作物/贈品。

(九)**印刷廠**：負責印刷物材質選定，及製作物打樣確認。

(十)**新聞媒體**：負責新聞資料提供、新聞稿發布與接受媒體訪問。

二.內部協助單位

(一)**業務部門／店務部門**：負責1.行銷計畫報告；2.新品計畫報告；3.促銷活動討論，以及4.銷售預估討論。

(二)**後勤生產部門**：負責1.產品庫存狀況；2.產品到貨查詢；3.包裝需求通知。

(三)**財政部門**：負責1.產品成本與毛利計算；2.行銷預算控管；3.閱讀相關報表。

(四)**採購部門**：負責提出購買項目及要求物品到達時間與數量。

(五)**品管部門**：負責產品標示討論及客訴問題處理。

(六)**亞太地區／大中華區辦公室**：負責亞太地區／大中華區專案討論與執行。

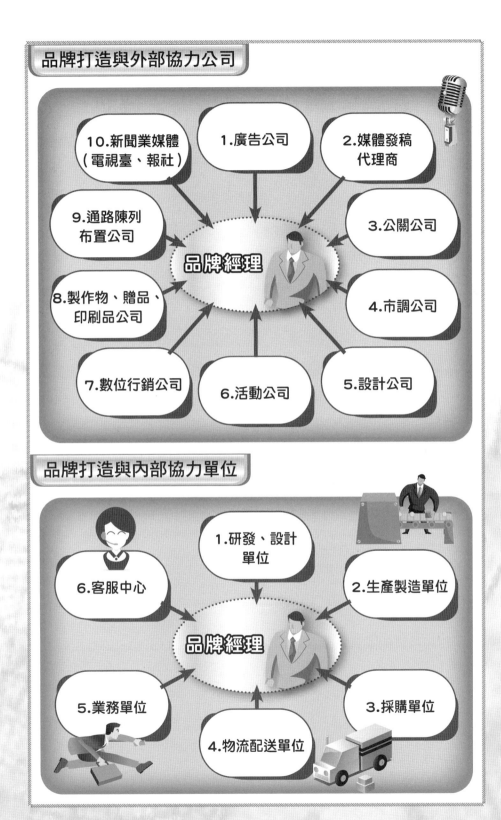

品牌打造與外部協力公司

10.新聞業媒體
（電視臺、報社）

1.廣告公司

2.媒體發稿
代理商

9.通路陳列
布置公司

品牌經理

3.公關公司

8.製作物、贈品、
印刷品公司

4.市調公司

7.數位行銷公司

6.活動公司

5.設計公司

品牌打造與內部協力單位

6.客服中心

1.研發、設計
單位

2.生產製造單位

品牌經理

5.業務單位

3.採購單位

4.物流配送單位

Unit **6-9**
品牌經理行銷工作重點 Part I

　　這是一個品牌的時代。品牌已成為聯繫產品與顧客的一套獨特承諾。它能為顧客提供產品或服務的素質保證，並具備「尊貴」的形象價值。

　　因此，品牌經理人要熟練品牌塑造、品牌定位、品牌的公關與媒體計畫，以及產品上市計畫等專業知識與技能，才能快速提升自己的品牌行銷力。要成熟發展一個品牌，品牌經理應謹守八大工作重點，由於內容豐富，分Part I及Part II兩單元介紹。

一.市場分析與行銷策略研訂

　　所謂好的開始是成功的一半，有正確的市場分析與行銷策略研訂，接下來才有成功的希望。

二.對所有商品之改善及上市計畫

　　品牌經理人要對企業既有商品之強化及新商品，提出開發與上市計畫：

　　(一)分析及洞察市場狀況與行銷環境趨勢：1.市場產值規模與市場趨勢分析；2.主要前三大競爭對手及其品牌能力分析；3.消費者偏好、需求及購買模式分析，以及4.產品、價格、通路趨勢分析。

　　(二)對本公司現有產品競爭力或計畫新產品開發方向競爭力分析檢討：1.比較本公司產品與主力競爭對手產品的競爭力分析，以及2.包括SWOT分析（優勢、劣勢、機會、威脅）與4P分析、8P／1S／1C分析。

　　(三)找出今年度／本季／本月行銷策略的方向、目標、重點及作法：1.找出S-T-P（區隔－目標－定位）策略何在；2.找出4P或8P／1S／1C或品牌等，當前最重要的策略重點何在及作法，以及3.找出行銷策略的宣傳口號與訴求重點、獨特銷售賣點與差異化策略、成本降低策略是什麼？

　　(四)創造行銷優勢：試圖創造出行銷競爭優勢、行銷競爭力、行銷特色及行銷點，才能突圍或持續領先地位。

　　(五)再次檢視行銷策略的一致性與有效性：最後再次思考策略是否有效。

三.研討銷售目標計畫及產品別損益預估

　　再來是對銷售目標、銷售計畫及產品別的損益表預估，進行方向為下列幾點：

　　(一)參考同業競爭成績：自家產品銷售好不好，不僅要與自己比較，更客觀的方式，是參考同業競爭對手同類與產品的銷售成績（銷售量／銷售額／銷售形式）。

　　(二)參考今年度整體市場狀況：供需狀況、景氣好壞、行業特性及競爭狀況等。

　　(三)預估年度銷售目標及執行計畫：本公司在上述行銷策略及公司營運政策指示下，訂出預估的年度銷售目標及執行具體計畫。

　　(四)預估今年度損益數據：配合財會部門訂出今年度損益表預估數據，如此一來，才不會產生行銷往前衝，而不知實際盈虧的狀況。

品牌經理8大行銷工作重點

1.市場分析與行銷策略研訂。

2.對既有商品改善強化計畫、新商品上市開發計畫及多品牌、自有品牌上市計畫

(1)分析及洞察市場狀況與行銷環境趨勢：
　　‧市場產值規模與市場趨勢分析‧主要前三大競爭對手及其品牌能力分析
　　‧消費者偏好、需求及購買模式分析‧產品、價格、通路趨勢分析
(2)對本公司現有產品競爭力或計畫新產品開發方向競爭力分析檢討：
　　‧比較本公司產品與主力競爭對手產品的競爭力分析
　　‧包括SWOT分析（優勢、劣勢、機會、威脅）與4P分析、8P／1S／1C分析
(3)找出今年度／本季／本月行銷策略重點及作法：
　　‧找出S-T-P（區隔－目標－定位）策略何在
　　‧找出4P或8P／1S／1C或品牌等當前最重要的策略重點何在及作法
　　‧找出行銷策略的宣傳口號與訴求重點、獨特銷售賣點與差異化策略、成本降低策略
(4)試圖創造出行銷競爭優勢、行銷競爭力、行銷特色及行銷點，才能持續領先地位。
(5)再一次檢視、討論及辯證行銷策略一致性，以及是否有效地再思考。

3.研討銷售目標、銷售計畫及產品別／牌別的損益表預估

‧參考同業競爭對手同類產品的銷售成績
‧參考今年度整體市場環境的變化
‧訂出預估的年度銷售目標及執行具體計畫
‧配合財會部門預估今年度損益表數據

4.通路布建的持續強化，由業務部主導，品牌經理協助。

5.正式上市活動與媒體宣傳（新品上市或舊品改變）。

6.銷售成果追蹤與庫存管理。

7.定期檢視品牌健康。

8.準備防禦行銷計畫或採取攻擊行銷計畫。

什麼是8P／1S／1C／1B
8P：Product（產品）　　Price（價格）
　　Place（通路）　　　Promotion（推廣）
　　Public Relations（公關）
　　Professional Sales（銷售）
　　Physical Environment（實體環境）
1S：Service（服務）
1C：CRM（顧客關係管理）
1B：Branding（品牌工程）

Unit 6-10
品牌經理行銷工作重點 Part II

前面談了產品定位、行銷計畫與預算擬定等前置作業，本單元Part II則著重執行面與過程中的效果評估及改善。

四.銷售通路布建的持續強化

基本上，此為業務部工作重點，品牌經理協助，工作內容有以下幾點：1.研訂通路發展策略；2.通路獎勵制度及辦法研訂；3.通路教育訓練支援／資訊情報提供支援；4.通路貨架上商品的陳列、POP立牌、海報製作物、專區專櫃布置等；5.通路上架談判及協調，以及6.通路促銷活動配合或主動提案請求。

五.正式上市活動與媒體宣傳

不管是新品上市或舊品改變，都要有計畫地廣為宣傳：

(一)要有好的廣告創意及整合行銷傳播配置措施：1.五大媒體廣告組合的宣傳及搭配；2.公關媒體報導；3.事件活動；4.代言人造勢；5.SP促銷活動配合；6.直效行銷配合；7.話題行銷，以及8.品牌／口碑行銷。

(二)品牌經理擔任品牌發言人：通常是由品牌經理人負責回應媒體客戶、通路的詢問；但也有企業另設發言人制度，此不在本單元探討內。

(三)尋求利益共同體支援：通路商或代理商充分銷售支援，形成上下團隊努力。

六.銷售成果追蹤與庫存管理

產品上市後，才是品牌經理挑戰的開始，必須時時注意以下內外部狀況：

(一)與業務經理通力合作：品牌經理須與業務經理共同負責業績及市占率變動。

(二)相關單位密集開會檢討：行企部及業務部每天／每週／每月均密切開會，交叉比對各種行銷活動及銷售成績，找出成長與衰退的原因，並且立即研擬對策因應。

(三)密切注意產品庫存管理：影響庫存過度或不足因素很多，包括：市場淡旺季、景氣變化、廣告投入、促銷活動等，甚至競爭對手的一舉一動也影響本公司。

七.定期檢視品牌健康

品牌經理人應定期進行品牌檢測，即每季／每半年／每年都要做顧客對本公司品牌喜愛度、知名度、聯想度及忠誠度的調查報告，了解品牌在消費者心中的變化，作為因應。同時服務品質／客訴處理也會影響品牌形象，應訂出會員服務及經營計畫。

八.準備防禦或採取攻擊行銷計畫

面對競爭，究竟要防禦或攻擊，有其關鍵所在。即當競爭對手採大降價、大促銷、大廣告投入等活動搶攻市占率之下，本公司要如何因應？是採取防禦對策堅持底限，或是主動出擊，採取攻擊策略，搶奪第一品牌。

品牌經理8大行銷工作重點

1.市場分析與行銷策略研訂。

2.對既有商品改善強化計畫、新商品上市開發計畫及多品牌、自有品牌上市計畫。

3.研討銷售目標、銷售計畫及產品別／品牌別的損益表預估。

4.通路布建的持續強化,由業務部主導,品牌經理協助
- ・研訂通路發展策略。　　　・通路獎勵制度及辦法研訂。
- ・通路教育訓練支援/資訊情報提供支援。
- ・通路商品的陳列、POP立牌、海報製作物、專區專櫃布置等。
- ・通路上架談判及協調。
- ・通路促銷活動配合或主動提案請求。

5.正式上市活動與媒體宣傳(如果新品上市或舊品改變)
- ・要有好的廣告創意及整合行銷傳播配置措施。
- ・品牌經理擔任品牌發言人,回應媒體客戶、通路的詢問。
- ・通路商或代理商的充分銷售支援。

6.銷售成果追蹤與庫存管理
- ・品牌經理須與業務經理共同負責業績壓力及市占率變動。
- ・行企部及業務部均定期密集開會,交叉比對各種行銷活動及銷售成績,找出興衰原因,並立即研擬對策因應。
- ・密切注意影響庫存過度或不足的因素。

7.定期檢視品牌健康
- ・定期做顧客對本公司品牌調查報告,了解品牌在消費者心目中的變化,以為因應。
- ・服務品質/客訴處理均會影響品牌形象,應訂出會員服務計畫及經營計畫。

8.準備防禦行銷計畫或採取攻擊行銷計畫
- ・競爭對手採取強烈競爭方式搶攻市占率時,要如何防禦因應。
- ・本公司主動出擊,採取攻擊策略,搶奪第一品牌。

Unit 6-11
品牌經理 vs. 新品開發上市 Part I

一個成功的品牌經理人，絕對不能滿足現狀，即使過去曾有輝煌的戰果，仍要對每一次「新商品開發及上市」的過程，保持高度的關注。

由於本主題內容豐富，分Part I及Part II兩單元介紹。

一.尋找切入點

品牌經理人應隨時挖掘何處藏有潛在商機，建議可從以下方式進行：

(一)隨時掌握產業最新動態：日常應掌握本身所處產業最新動態，包括國內外及日本、韓國、美國等。

(二)市場嗅覺敏銳：對市場趨勢與變化，具有高度的敏感度及察覺度。

(三)尋找市場切入點：應找到可以「商品化」的概念，此即「市場切入點」，即為商機所在。

(四)嚴格評估商機可行性並掌握：找到商機並不代表可投入，應嚴格評估其可行性及未來性。只要可行，不管有多大困難，均應努力克服，率先投入，取得先機。

二.產品前測

此為產品上市前應做的工作，主要是降低未來產品上市的風險性：

(一)找出產品特色：即產品特有屬性、獨特銷售點，包括物質或心理屬性在內。

(二)評估出S-T-P架構：根據此種產品的特色賣點，進一步找出區隔市場、目標客層及產品定位何在等，此即產品策略階段。

(三)委託市調公司對新產品測試：即測試產品的口味、外觀、品名、商標、包裝、包材、容量、設計風格、定價合宜等反應，加以改善到完美及具市場接受度為止。此階段一定要非常嚴謹、嚴格，寧可事前做好品質及需求滿足，也不要事後修修改改，浪費人力、物力、財力。

(四)與外部廣告文宣團體討論：此時廣告公司、公關公司及活動公司，應參與討論，並且準備各種整合行銷傳播活動的創意提案，及不斷討論與修正規劃案。另外，新品上市行銷預算支出多少，也須做一個明確定案。

三.準備進入生產製造或委外代工生產

產品測試及行銷策略定案後，就要準備進入產品製造階段，通常有以下過程：

(一)進行產銷協調：根據銷售部門銷售預測，品牌經理向生產部門確認生產數量、生產排程及產銷協調等工作。

(二)與物流開會：產品製造完成後，要按預計時間能在市場上流通，所以與物流配送作業協調開會，是非常重要的。

(三)製造成本控制紀錄：掌握與產品製造的相關成本，才能達到預期獲利目標。

(四)定期預估月／季／年損益數據：才能評估產品獲利是否有上升趨勢。

新品開發上市7大工作重點

1.尋找商機切入點
· 日常即應掌握本身所處產業國內外最新動態。
· 對市場趨勢與變化具有高度的敏感度及察覺度。
· 應找到可以「商品化」的概念，即為商機所在。
· 應嚴格評估商機的可行性及未來性，只要可行，不管多大困難，均應努力克服，
　率先投入，取得先機。

2.產品上市前測
· 找出產品的屬性、特色、獨特銷售賣點。
· 找出產品獨特銷售賣點、產品特色、區隔市場、目標客層及產品定位。
· 委託市調公司對新產品測試目標消費者反應，加以改善到完美及具市場接受度
　為止。
· 廣告/公關/活動公司，此時應參與討論，並且準備各種整合行銷傳播活動的創意
　提案，及不斷討論及修正規劃案。
· 對新品上市行銷預算支出多少，也須做一個明確定案。

3.準備進入生產製造或委外代工生產

· 根據銷售部門銷售預測，品牌經理與生產部門進行產銷協調工作。
· 物流配送作業協調開會。
· 製造成本控制紀錄。
· 做出第一年損益表預估數據（分月/分季/分年）。

4.生產完成後，銷售部門即已安排好各種通路的配送及上架完成。

5.全面上市、上架，全面行銷宣傳。

6.定期密集檢討第一波新品上市成效，並展開品牌資產打造、累積
　及維護工作。

7.準備一年後再投入新產品的開發研究，以保持永遠
　持續性領先優勢。

Unit 6-12
品牌經理 vs. 新品開發上市 Part II

看完Part I，我們了解每一新品的開發及上市對品牌經理人來說，都是一個從頭奮戰的開始，即使過程不變，但其間的細微繁瑣，都讓品牌經理人不能掉以輕心。

前面談了尋求商機的切入點，然後找到商機所在，研發產品並測試市場反應，達到高接受度後，就進行產銷協調的階段。本單元Part II則要繼續介紹產品生產後的上市宣傳及成效評估，進而為下一個產品研發做準備。

四.生產完成後之通路配送及上架

生產完成後，品牌經理要求物流部門及銷售部門在確定時間內，完成在各種通路點準時上架的目標。

五.全面上市上架宣傳

產品全面上市、上架後，就要展開全面行銷宣傳：

(一)展開第一波全面性宣傳：透過電視、報紙、廣播、雜誌、巨幅戶外看板、網路等各種適當媒體宣傳，以求在短時間內，打開知名度並壯大聲勢。

(二)舉行宣傳記者會：即代言人宣傳與新品上市記者會。

(三)媒體公開報導：發布能引起媒體關注的全面報導或付費的置入性行銷報導。

(四)事件活動舉辦：運動行銷或活動行銷等具話題性的新聞能持續見報。

(五)SP活動舉辦：大抽獎活動、送贈品、買大送小、買一送一等。

(六)直效行銷：DM郵寄、EDM、VIP day等直接針對目標消費者行銷。

六.定期密集檢討第一波新品上市成效

每週、每月及前三個月檢討第一波新品上市業績好不好，並提出因應對策：

(一)業績不好：即距離原訂目標有差距，應立即檢討問題在哪一個P、哪一個環節上，並做出立即改善對策，並考慮暫時停止廣告投入，以免浪費。

(二)業績普通：即不好不壞，持續上述改善方法。

(三)業績大好：即超出預期目標，成為暢銷商品及暢銷品牌。此時，也應檢討上市為何能夠成功的原因，並且持續此種優勢，以避免對手同樣在三個月後或半年後，也跟上來競爭。

(四)建立品牌資產：這時可開始展開品牌資產打造、累積及維護工作，以做長遠的經營計畫。

七.準備一年後，再投入新產品的開發研究

準備一年後，再投入此品類新產品的開發研究工作，以保持永遠持續性領先優勢。因為人無遠慮，必有近憂。沒有永遠的第一名，只有不斷開發、不斷創新，才能保有半年到一年的領先優勢。

新品開發上市7大工作重點

1.尋找商機切入點，並掌握先機投入。

2.產品上市前，測試市場反應，並擬定行銷計畫。

3.準備進入生產製造或委外代工生產，並預估第一年的損益數據。

4.生產完成後之通路配送及上架
・品牌經理要於生產完成後，要求物流部門＋銷售部門的全力配合。
・在確定時間內，完成在各種通路準時上架目標。

5.全面上市、上架，全面行銷宣傳
・展開第一波電視、報紙、廣播、雜誌、巨幅戶外看板、網路等各種適當媒體宣傳。
　在短時間內，打開知名度及壯大聲勢。
・代言人宣傳/新品上市記者會。
・媒體公開報導（全面見報/置入版面）
・事件活動舉辦（運動行銷/活動行銷）
・SP活動舉辦（大抽獎活動、送贈品、買大送小、買一送一等）
・直效行銷（DM郵寄/EDM/VIP day）

6.每週／每月／前三個月檢討第一波新品上市業績好不好
・業績不好：應立即檢討問題在哪一個P、哪一個環節上，並做出立即改善對策，並
　考慮暫時停止廣告投入，以免浪費。
・業績普通：持續上述改善方式。
・業績大好：成為暢銷商品及暢銷品牌，也應檢討成功原因，並持續此種優勢，以避
　免對手跟進。
・展開品牌資產打造、累積及維護工作。

7.準備一年後，再投入新產品的開發研究，常保持續性領先
・人無遠慮，必有近憂，沒有永遠的第一名。
・只有不斷開發、不斷創新，才能保有半年到一年的領先優勢。

第 **7** 章

通路策略

●●●●●●●●●●●●●●●●●●●●●●●●●●●●●● 章節體系架構 ▼

Unit **7-1**
行銷通路存在價值與功能

行銷市場上有一句話「在未來，市場的贏家是屬於擁有通路的人，亦即擁有通路即擁有天下」，真是道盡通路決定產品行銷是否勝出的關鍵所在。

但通路的定義是什麼？通路定義其實非常廣泛，只要能撮合生產者與消費者交易就能稱得上是通路。在傳統的經濟模式下，一項商品要從源頭送達到消費者端的成本非常高昂，很多時候生產者不知道去哪裡找消費者，或者消費者不知道去哪裡找商品，所以中間通路的存在有其價值。

一.行銷通路的存在價值（通路為王）

廠商為何需要通路商（中間商）的主要原因，有以下幾點：

(一)缺乏財力與人力：大部分廠商都缺乏巨大的財力、人力，直接從事全國性及跨縣市銷售據點之關建。

(二)為達大量配銷之經濟效益：廠商如果是全國性或全球性的產銷企業，在面對數千數萬個銷售據點之需求時，必然須借助中間商協助大量的配銷，若僅靠自己，則在經濟效益上實屬不划算。例如：中國大陸及美國幅員廣大，不可能完全靠自己的直營通路，必然在某些地區必須借助通路商的協助。如果不借助地區性批發商、經銷商或代理商，則產品的銷售推廣速度會變得很慢。

(三)資金運用報酬率之比較：即使廠商有能力在全國建立銷售網路，也應衡量資金用在別處投資，其報酬率是否會較高。

(四)便利服務客戶：借助中間商之專業能力，可讓廠商產品很快出現在全國各縣市消費者及客戶面前，便利服務客戶，而此點是廠商自己不易做到的。

(五)產銷分工：產銷一致只有大企業做得到，對大部分廠商而言，產銷分離與產銷分工是常態。也就是說，工廠專精於製造生產，而通路商則擔負各縣市行銷業務之工作。

二.行銷通路的功能

中間商（行銷通路）之功能，可包括以下幾點：

(一)上架銷售：可協助促銷廠商產品之銷售。

(二)搭配：此包括產品之組合、分裝、分級、重包裝等。

(三)實體分配：包括貨品之倉儲與運送。

(四)風險承擔：此風險包括貨品滯銷、損壞及其他因在通路作業過程中，所發生之風險。

(五)融資：取得足夠資金，使得貨品進、銷、存能順利作業。

(六)情報：提供客戶及競爭者之情報、訊息給廠商，以利廠商訂定行銷策略及行銷組合。

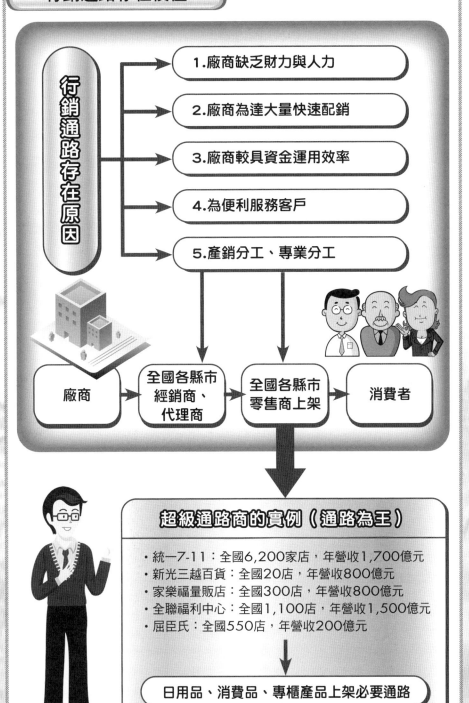

行銷通路存在價值

行銷通路存在原因

1. 廠商缺乏財力與人力
2. 廠商為達大量快速配銷
3. 廠商較具資金運用效率
4. 為便利服務客戶
5. 產銷分工、專業分工

廠商 → 全國各縣市經銷商、代理商 → 全國各縣市零售商上架 → 消費者

超級通路商的實例（通路為王）

- 統一7-11：全國6,200家店，年營收1,700億元
- 新光三越百貨：全國20店，年營收800億元
- 家樂福量販店：全國300店，年營收800億元
- 全聯福利中心：全國1,100店，年營收1,500億元
- 屈臣氏：全國550店，年營收200億元

日用品、消費品、專櫃產品上架必要通路

Unit **7-2**
通路階層的種類

在21世紀，我們看到連鎖型態、量販賣場的普及，超商的方便以及物流的盛行，使得行銷的策略與模式有著過去無法理解的另類。因此，未來如何與消費者接觸，通路決策會是成敗的重要關鍵。廠商必須判斷何種通路階層，適合自己的產品及預算。

一.零階通路

這是指製造商直接將產品銷售給消費者，其間並無任何中介機構，又稱直接行銷通路或直銷通路；其方式有逐戶推銷、直接郵購、直營商店三種。例如：安麗、克緹等直銷公司或電視購物、型錄購物、網路購物等。

二.一階通路

製造商透過零售商，將產品銷售至消費者手中。例如：統一速食麵、鮮奶直接出貨到統一超商店面銷售。

製造廠商 ⟶ 零售商 ⟶ 消費者

三.二階通路

製造商透過批發商，再將產品交付零售商，再藉由零售商將產品送至消費者手中。例如：多芬洗髮精經過各地經銷商，然後送到各縣市零售據點銷售。

製造廠商 ⟶ 批　發　商 / 進口代理商 / 經　銷　商 ⟶ 零售商 ⟶ 消費者

四.三階通路

製造商利用代理商將產品交付批發商，再藉由批發商將產品銷售給零售商，最後再藉由零售商將產品銷售給消費者。這種情況在國內的行銷作業較少發生，通路拉愈長，成本愈高，廠商能掌握控制的層面愈低，這是製造商不樂見的。故通常是在國際貿易上，由本國輸出銷給海外的代理商，由其批發到中盤商，再送到零售商銷售。

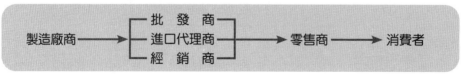

製造廠商 ⟶ 大盤商 ⟶ 中盤商 ⟶ 零售商 ⟶ 消費者

通路階層4種類

廠商（製造廠商／進口代理商／服務業者）

（零階通路）
（一階通路）
（二階通路）
（三階通路）

大盤商、總代理商、總經銷商

批發商、中盤商、經銷商、代理商

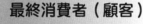 零售據點、專賣店、量販店、百貨公司
超市、便利商店

最終消費者（顧客）

知識補充站

零售通路最新7大趨勢

目前，國內供貨廠商或既有零售商，都有如下七項顯著性的最新趨勢：

1. **供貨廠商建立自主行銷零售通路趨勢**：例如統一的7-11及家樂福等。
2. **加盟連鎖化擴大趨勢愈烈**：例如便利商店、房仲店、SPA店、咖啡店等。
3. **直營連鎖化擴大趨勢**：例如麥當勞、摩斯、三商、屈臣氏、星巴克、天仁、誠品等。
4. **大規模化店趨勢**：例如誠品旗艦店、新光三越信義館、101購物中心、家樂福、高雄夢時代購物中心、大遠百購物中心、新竹巨城購物中心。
5. **虛擬通路不斷快速成長趨勢**：例如電視、型錄、網路購物、行動購物。
6. **多元化通路及全通路策略**：即商品上市進入多元化、多角化及全通路策略趨勢。
7. **各大通路廠商均加速擴大展店，形成規模性經濟**：例如全聯、康是美、家樂福、屈臣氏、寶雅、7-11、大樹藥局、杏一藥局等。

Unit **7-3**
實體通路、虛擬通路、多通路之趨勢

通路行銷是商品造星運動的關鍵，但造星方式絕對不是一成不變。通路行銷會隨著科技進步、網路發達、生活型態的改變，進而形成一個多元化銷售通路的趨勢。

圖解行銷學

一.實體通路七大型態

國內實體通路對大部分消費品公司的業績創造，占比率達九成之高，剩下一成才屬於虛擬通路；可見實體通路仍是消費品廠商上架銷售的最重要來源，如果上不了實體通路，業績必大受影響。因此，實體通路商都倍受消費品廠商高度的配合及重視。

茲列舉國內各大實體通路商的前幾名代表：1.便利商店：7-11、全家；2.量販店：家樂福、大潤發、愛買、Costco；3.超市：全聯、美聯社；4.購物中心：台北101、微風廣場、大遠百、遠東巨城（新竹）；5.百貨公司：新光三越、SOGO、遠東百貨、微風百貨；6.藥妝店：屈臣氏、康是美、寶雅，以及7.資訊3C：燦坤3C、全國電子等。

二.目前虛擬通路五大型態

虛擬零售通路方面，目前也有異軍突起之勢，主力公司如下：1.電視購物：東森、富邦、viva等三家為主；2.網路購物：以momo、Yahoo的奇摩購物中心、PChome網路家庭及蝦皮購物為前四大；3.型錄購物：以東森、DHC及momo三家為主力；4.直銷：以安麗、雅芳、如新、USANA等為主力，以及5.預購：各大便利超商均有預購業務。

三.多元化銷售通路全面上架趨勢

近幾年來，由於通路重要性大增，產品要出售就得上架，讓消費者看得到、摸得到、找得到。因此，供應廠商的商品當然要盡可能布局在各種實體或虛擬通路全面上架，才能創造出最高的業績。另一方面，也由於零售通路這幾年變化很大，很多元化、多樣化，因此帶來各種不同地區及管道的上架機會。目前計有十二種可全面上架的銷售通路：1.量販店；2.超市；3.便利商店；4.全省經銷商；5.百貨公司；6.電視購物；7.網路購物；8.直營門市；9.宅配；10.預購；11.型錄，以及12.加盟門市。

小博士解說

超市的困境

超市業目前除了第一大的全聯福利中心有獲利外，其他都面臨若干的困境。基本上，超市的經營被夾在大賣場量販店與便利商店之間，受到這兩種業態的衝擊與攻擊，使其陷入困境。因為量販店具有大坪數優點，而便利商店有地點便利性的優勢。超市業近年來為免被夾殺，也朝社區小型店方向加速拓點，以求突圍。

實體通路 7大型態

實體通路

1.便利商店
- 統一7-11
- 全家
- 萊爾富
- OK

2.量販店
- 家樂福
- 大潤發
- 愛買
- Costco（好市多）

3.超市
- 全聯福利中心
- 楓康
- Jasons
- City Super
- 微風
- 美廉社

6.藥妝店
- 屈臣氏
- 康是美
- 寶雅
- 丁丁藥局
- 大樹藥局

7.資訊3C
- 燦坤3C
- 全國電子
- 順發3C
- 大同3C

4.購物中心
- 101
- 新竹遠東巨城
- 微風
- 環球
- 高雄夢時代
- 大直美麗華
- 大遠百
- 義大世界

5.百貨公司
- 新光三越
- SOGO
- 遠東百貨
- 統一時代百貨
- 微風百貨
- 京站廣場
- 漢神百貨

虛擬通路5大型態

虛擬通路

1.電視購物
- 東森購物
- 富邦momo
- viva

富邦購物網

3.型錄購物
- 東森購物
- DHC
- momo

4.直銷
- 安麗
- AVON
- USANA
- 如新
- 克緹

2.網路購物
- momo
- Yahoo奇摩
- PChome
- 博客來
- Go Happy
- 蝦皮購物
- 生活市集
- 臺灣樂天

5.預購
- 四大便利超商的各種節慶預購

多元化、多樣化、全通路12種銷售通路

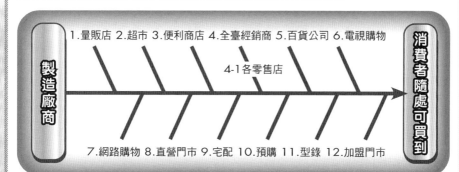

製造廠商 → 消費者隨處可買到

1.量販店 2.超市 3.便利商店 4.全臺經銷商 5.百貨公司 6.電視購物

4-1各零售店

7.網路購物 8.直營門市 9.宅配 10.預購 11.型錄 12.加盟門市

Unit **7-4**
消費品供貨廠商的通路策略

圖解行銷學

一般消費品供貨廠商，例如：品牌大廠：P&G、Unilever、花王、金百利克拉克、雀巢、統一、金車、味全等，或手機行動服務公司，例如：台灣大哥大、遠傳、中華電信等，他們對經銷商、零售商或直營門市、加盟店等，都非常重視，而且各有一套自家公司的操作手法及策略。實務上，各家常用的通路策略有七種，茲說明之。

一.設立大客戶組織單位專賣對應

供貨廠商通常會設立Key Account零售商大客戶，例如：將全聯福利中心、家樂福、統一超商、大潤發、屈臣氏等都視為大客戶，並為其設立專責小組或高階主管組織制度，以統籌並與這些大型零售商建立良好的互動關係。

二.全面配合促銷活動及政策

品牌大廠應全面配合這些零售商大客戶的政策需求、合理要求及其重大促銷活動，如此一來，這些零售商大客戶才會視其為良好的合作夥伴。

三.加大店頭行銷預算及廣告宣傳預算

大型零售商為提升業績，經常會要求各大型供貨品牌大廠加強店頭行銷活動預算，即舉辦價格折扣促銷優惠活動、贈獎、抽獎、試吃、試喝、專區展示、專人解說等活動，以拉攏人氣並促進買氣等目的。另外，大廠商也必須每年投入大量電視及網路的廣告宣傳預算。

四.全臺密集鋪貨，便利消費者購買

基本上，供貨大廠都會以全臺大小零售據點全面鋪貨為目標，除大型連鎖零售據點外，比較偏遠的鄉鎮地區，也會透過各縣市經銷商的銷售管道鋪貨。務期達到全臺密集性鋪貨目標，便利消費者購買。

五.與大型零售商獨家合作促銷

現在大型零售商除全店大型促銷活動外，平常也會要求各品牌大廠輪流與他們獨家合作推出價格折扣促銷活動，因為大廠銷售量平常較高，故能讓零售商業績提升。

六.開發新產品，提振零售商業績

供貨廠商同一產品賣久了，銷售量自然會變成平平，銷量不易增加，除非有新產品的問市。因此，零售商也會要求供貨廠商開發新產品，以提振買氣。

七.爭取顯目的陳列區位

供貨廠商業務人員應努力與現場零售商爭取比較有利、醒目的產品陳列位置，如此也有利於消費者的尋找及購買。

品牌廠商對大型零售商的通路策略

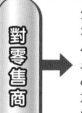

對零售商 →

1. 設立Key Account零售商大客戶組織制度並與之建立良好關係
2. 全面配合零售商大客戶的政策、合理要求及行銷計畫
3. 加大在店頭行銷操作的預算
4. 全國性密布各種零售據點，達到全面鋪貨目標
5. 加強與大型零售商的單一SP促銷活動
6. 加強開發新產品，促進零售商業績
7. 爭取好區位及櫃位
8. 投入較大量廣告量支援賣場銷售成績
9. 考慮為零售商自有品牌代工可能性

中小企業產品與虛擬通路

◎中小企業產品或較低知名度產品，無法進入百貨公司專櫃或便利商店通路上架，最適合上虛擬通路。

網購	電視購物
· momo（850億） · PChome（450億） · 蝦皮購物（200億） · Yahoo奇摩（200億） · 博客來（60億）	· 東森購物（90億） · momo富邦（60億） · viva（20億）

知識補充站

兩種可行的通路策略

還有兩種可行的消費品供貨廠商的通路策略：

1. **投入較大廣告量支援銷售**：供貨廠商在大打廣告期間，銷售業績理論上都會有部分增加或大幅提升。因此，零售商也會對供貨廠商要求投入廣告預算，強打新產品上升，促進零售據點的業績增加。這是品牌大廠比較容易做到的，但對中小企業就困難些，因為中小企業營業額小，再打廣告可能就難以獲利了。

2. **考慮為大型零售商自有品牌代工**：現在大型零售商也紛紛推出自有品牌，包括：洗髮精、礦泉水、餅乾、清潔用品、泡麵等，這些無異都跟品牌大廠搶生意，引起品牌大廠的抱怨。因此，大型零售商都找中型供貨廠代工（OEM），因其受影響性較小。

125

Unit **7-5**
通路管理與通路激勵

對廠商而言,具有通路選擇權固然值得高興,但是如何與通路成員保持良好互動,進而為彼此業績努力,以達到雙贏的局面,可要多下功夫了。

一.通路管理

通路管理問題,主要強調以下三項事情,以期通路任務能夠順利達成:

(一)選擇優良通路成員(Select Channel Members):優秀的通路成員,可以完全配合公司行銷作業,而發揮整體團隊力量,因此,選擇通路成員是首要之務。

(二)激勵通路成員(Motivating Channel Members):對於優秀通路成員,公司必須不斷予以物質及精神上的鼓勵,如此才能長保優良業績,包括各種津貼、折價、獎牌、補助費、參股或旅遊。

(三)評估及調整通路成員(Evaluating Channel Members):廠商必須對通路成員,定期評估績效,以了解是否達到公司標準,並且予以區分等級做不同對待。業績未臻理想者,要加強輔導協助,甚至考慮淘汰。

二.通路改進

對通路改進之方案,大致有以下五類:1.對個別通路成員延攬加入或剔除;2.對個別銷售通路型態予以介入或剔除;3.建立全新的行銷通路結構;4.通路地區分布量的修正與改進,以及5.通路政策的全盤調整修正。

三.激勵通路成員

品牌大廠商對旗下通路成員,通常有各種激勵的方法:1.給予獨家代理與經銷權;2.給予更長年限的長期合約;3.給予某期間價格折扣的優惠促銷;4.給予全國性廣告播出的品牌知名度支援;5.給予店頭壓克力大型招牌的免費製作安裝;6.給予競賽活動的各種獲獎優惠;7.給予季節性出清產品的價格優惠;8.給予協助店頭現代化的改裝;9.給予庫存利息的補貼;10.給予更高比例的佣金或獎金比例;11.給予支援銷售工具與文書作業,以及12.給予必要的各種教育訓練支援。

126

小博士解說

通路管理可能的衝突

原廠與通路間的利益應是共通的,但會有衝突,往往來自對風險、利潤標的與利潤最佳化的認知差異,以及經銷與直銷的衝突。通常藉原廠與單層通路做一說明,而多層通路任二層的通路也可能發生。當經濟景氣時,供不應求,衝突發生頻率就會降低,即使有之,也會因分享大餅而不提;若一旦景氣低迷,彼此都面臨困境時,衝突也就難以避免。

品牌廠商對經銷商的通路策略

對經銷商

1. 選擇、找到最優秀、最穩定的經銷商策略
2. 改造、協助、輔導及激勵提升經銷商水準的策略
3. 評鑑及替換經銷商策略
4. 與經銷商互利互融策略

有效激勵通路成員的策略

經銷商、經銷店

1. 給予獨家代理、獨家經銷權。
2. 給予更長年限的長期合約（Long-Term Contract）。
3. 給予某期間價格折扣（限期特價）的優惠促銷。
4. 給予全國性廣告播出的品牌知名度支援。
5. 給予店招（店頭壓克力大型招牌）的免費製作安裝。
6. 給予競賽活動的各種獲獎優惠。
7. 給予季節性出清產品的價格優惠。
8. 給予協助店頭現代化的改裝。
9. 給予庫存利息補貼。
10. 給予更高比例的佣金或獎金比例。
11. 給予支援銷售工具與文書作業。
12. 給予必要的各種教育訓練支援。

第 8 章

定價策略

●●●●●●●●●●●●●●●●●●●●●●● 章節體系架構 ▼

Unit **8-1**
影響定價因素與價格帶觀念

　　產品定價是一門學問。訂得好，則銷售業績亮麗；反之，則一敗塗地。因此如何正確定價，端賴各種面向的考量、評估、測試，然後決定。

一.影響定價的六個因素

　　(一)**產品之獨特程度**：當產品愈具有設計、功能、品質或品牌上之特色時，其對價格選擇的自主權較高；反之，則無任何定價政策可言。例如：LV、Prada、Chanel、Benz、BMW等名牌皮件及高級轎車等。

　　(二)**需要程度**：消費者對此產品需求程度愈高，表示愈無法沒有此類產品，因此，定價自主權也較高。例如：韓劇流行時，各電視臺爭搶，版權出售價也會拉高。

　　(三)**產品成本性質**：定價在正常下必須高於成本，才有利潤可言；當然，為促銷產品而低於成本出售，以求得現金或為搶占客戶，也時而有之，但畢竟非屬常態。

　　(四)**競爭對手狀況**：當廠商在幾近完全競爭的消費品市場上，其定價必須考慮到競爭對手之價格，此乃識時務為俊傑之作法。第二品牌經常會以低價競爭策略，攻擊第一品牌的市占率，但有時也會很有默契的跟隨第一品牌，共享市場大餅。

　　(五)**合理性程度**：就是消費者覺得合理，甚至有物超所值的感受。

　　(六)**促銷期與否**：最後一個因素，即是否處在促銷期間，通常促銷期定價較低。

二.「價格帶」的概念

　　所謂「價格帶」是指在廠商心中，會有以下價格概念在影響定價的擬定：

　　(一)**價格下限**：指產品或服務定價不應該低於成本以下，否則就會虧錢。但也有短期狀況時，價格也有可能低於成本，那是因為促銷的緣故。

　　(二)**價格上限**：指產品定價不應該超過消費者大多數人的上限知覺；超過了，代表定價太貴，買的人將會變少。

　　(三)**消費者可接受的價格帶**：指在價格下限及價格上限兩者之間，依公司的決定，最後在此價格帶內，再決定最後一個價格是多少。

三.定價操作的四個步驟

　　(一)**先針對各種影響定價因素予以評估**：先依據各種內部如前述所提的各種影響定價的因素，加以衡量，然後訂出一個可能的「價格帶」。

　　(二)**訂出多元性定價方案**：然後在此價格帶內，再深入分析各項變化因素及主客觀因素，以及可能的市調結果，再訂出一個或二個多元可供選擇的定價方案。

　　(三)**與主要通路商討論賣相佳的價位**：再與大型零售商或經銷商討論哪一個價格方案比較理想、可行及可賣的主力商品。並且，可能就此決定價位。

　　(四)**視市場反應調整價格**：在推出市場後，看市場的反應度及接受度做機動調整。若不被接受，則須立即調整價位；若可接受，就此正式定案一陣子。

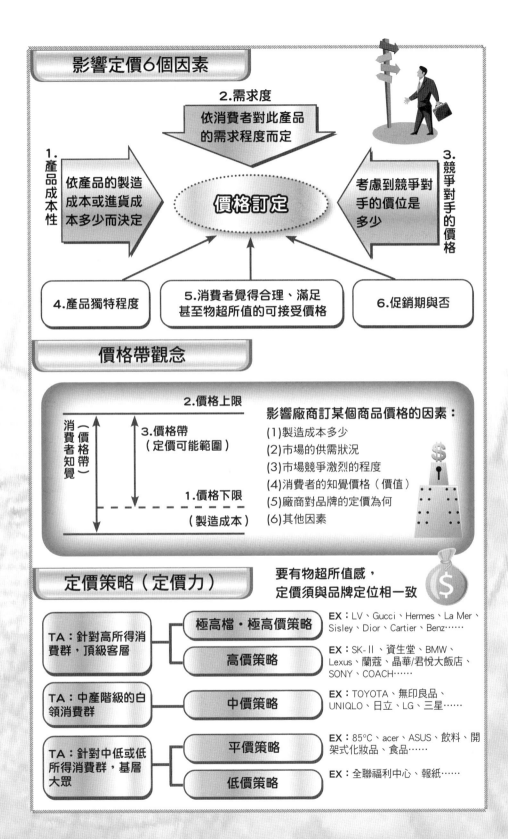

影響定價6個因素

2.需求度
依消費者對此產品
的需求程度而定

1.產品成本性
依產品的製造成本或進貨成本多少而決定

價格訂定

3.競爭對手的價格
考慮到競爭對手的價位是多少

4.產品獨特程度

5.消費者覺得合理、滿足甚至物超所值的可接受價格

6.促銷期與否

價格帶觀念

消費者知覺（價格帶）

2.價格上限

3.價格帶（定價可能範圍）

1.價格下限（製造成本）

影響廠商訂某個商品價格的因素：
(1)製造成本多少
(2)市場的供需狀況
(3)市場競爭激烈的程度
(4)消費者的知覺價格（價值）
(5)廠商對品牌的定價為何
(6)其他因素

定價策略（定價力）

要有物超所值感，
定價須與品牌定位一致

TA：針對高所得消費群，頂級客層

極高檔‧極高價策略

EX：LV、Gucci、Hermes、La Mer、Sisley、Dior、Cartier、Benz……

高價策略

EX：SK-II、資生堂、BMW、Lexus、蘭蔻、晶華/君悅大飯店、SONY、COACH……

TA：中產階級的白領消費群

中價策略

EX：TOYOTA、無印良品、UNIQLO、日立、LG、三星……

TA：針對中低或低所得消費群，基層大眾

平價策略

EX：85℃、acer、ASUS、飲料、開架式化妝品、食品……

低價策略

EX：全聯福利中心、報紙……

Unit **8-2**
「成本加成定價法」基本概念

目前在各大、中、小型企業中，最常見的定價方法，仍然是成本加成法（Cost-Plus或Mark-Up）。此法指的是在產品成本上，加上一個想要賺取或至少應有的加成利潤比例。

即：產品成本＋加成利潤率（通常為50%～70%之間，視不同行業而定），此時的毛利率則在30%～40%之間。

一.加成比例多少才合理

那麼加成比例應該多少才合理？實務上，並沒有一個固定或標準的加成率，而是要看產業別、行業別、公司別而有所不同。

（一）五成～七成為一般情形：一般來說，比較常態的加成比例，實務上，大致在50%～70%之間是合理且常見到。此時的毛利率則在合理的30%～40%之間。

（二）例外情形：

1.七成以上至200%：如化妝保養品、健康食品、國外名牌精品或創新性剛上市新產品的毛利率，則可能超過七成以上，也是常有的。

2.二成以內：如資訊電腦外銷工廠的加成率，由於它的出口金額很大，故加成率會較低，大約在10%～20%之間，競爭很激烈。

3.九成以上：一般街上飲食店面，加成率也會在100%以上。例如：一碗牛肉麵的加成率就會在100%以上，至少要賺一倍以上。

二.加成比例的用途

加成率主要是用來扣除管銷費用。公司產品售價在扣除產品成本後，即為營業毛利額，然後再扣除營業費用後，才為營業損益額（賺錢或虧錢）。

例如：桃園工廠生產一瓶鮮乳飲料，若售價扣除這瓶飲料的製造成本，即為營業毛利，然後再扣除臺北總公司及全國分公司的管銷費用，即為營業獲利或營業虧損。

因此，加成率若低於一定應有比例，則顯示公司定價可能偏低，而使公司無法涵蓋（Cover）管銷費用，故而產生虧損。當然，加成率若訂太高，售價也跟著升高，則可能會面臨市場競爭力或價格競爭力不足的不利點。

三.成本加成法的優點

成本加成法目前是企業實務界最常見的定價方法，主要的優點如下：

1.簡單、易懂、容易操作。

2.符合財務會計損益表的制式規範，容易分析及思考因應對策。

3.在業界使用時共通性較高，具有共識化及標準化。

最常用定價法：成本加成定價法

$$製造成本 + 加成率 = 價格$$

$1,000元＋賺6成600元＝$1,600

- 合理加成率：50%～70%
- 合理、常態毛利率：30%～40%（3成～4成）
- 特殊高毛利率：50%～200%（5成～2倍）
  EX：化妝品、保健食品、名牌精品
- 特殊低毛利率：5%～10%（EX：代工3C產品）

成本加成法案例

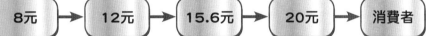

| 8元 | 12元 | 15.6元 | 20元 | 消費者 |

| 統一工廠製造成本 | ・工廠出貨給全省各縣市飲料經銷商
・統一工廠加5成加成率 | ・經銷商出貨給零售據點的價格
・經銷商加3成加成率 | ・最後零售賣場標價20元，賣給消費大眾
・零售賣場加3成加成率 | |

行銷通路各層次的加成率

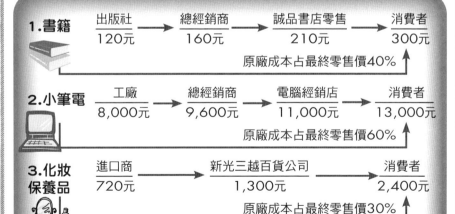

1. 書籍

| 出版社 | 總經銷商 | 誠品書店零售 | 消費者 |
| 120元 | 160元 | 210元 | 300元 |

原廠成本占最終零售價40%

2. 小筆電

| 工廠 | 總經銷商 | 電腦經銷店 | 消費者 |
| 8,000元 | 9,600元 | 11,000元 | 13,000元 |

原廠成本占最終零售價60%

3. 化妝保養品

| 進口商 | 新光三越百貨公司 | 消費者 |
| 720元 | 1,300元 | 2,400元 |

原廠成本占最終零售價30%

4. 服飾

| 進口總代理商 | 服飾連鎖店 | 消費者 |
| 500元 | 700元 | 1,500元 |

原廠成本占最終零售價30%

Unit **8-3**
其他常用定價法與新產品定價法

除了前述方法，實務上還有其他各種狀況時的定價法。

一.其他常用定價法

(一)**聲望（尊榮）定價法**：又稱名牌定價法，或頂級產品定價法。例如：國外名牌精品、珠寶、鑽石、轎車、服飾、化妝保養品、仕女鞋等均屬之。

(二)**習慣定價法**：指一般或常購產品的價格，例如：報紙10元、飲料20元等。

(三)**尾數定價法**：指一般讓消費者感到便宜些，不能超過另一個百或另一個千元，故定價在99元、199元、299元、399元、999元、1,999元、2,999元等均屬之。

(四)**差別定價法**：指企業在不同時間、不同節日、不同季節、不同組合、不同身分、不同數量等有不同的差別定價。例如：遊樂區在夜間的售價便宜些、鮮奶在冬季的售價也便宜些。

(五)**促銷折扣定價法**：這是目前常見的，到處都可以看到各賣場、各門市店貼出折扣的促銷海報及價格。

二.新產品定價法

依照傳統舊的外國教科書，對新產品上市的定價法，用二種方法解釋：

(一)**吸脂定價法**：即一開始上市半年、一年間，絕對採取高價位，例如：iPod、液晶TV、數位相機、5G手機、iPad等產品均屬如此。不過，一旦其他品牌也問市，則高價位就會快速滑落。

(二)**滲透定價法**：此一開始上市，就用超低價格，想要人人買得起，一掃市場，形成暢銷產品，並奪取高的市占率。例如：中國低價小米機（手機）。

除了傳統上述的二種方法之間，還有另一種方法解釋：

(三)**平價定價法**：即指介於極高與極低價位兩者間的上市價格，這是相當常見的。此乃為使消費者有物超所值之感，並形成口碑，而能做口碑行銷。

小博士解說

吸脂定價法的適用

吸脂定價法的適用有八種：1.消費者願意支付高價購買此產品；2.此產品的需求彈性低且無法取代；3.高價能塑造高品質形象；4.高價之基礎在於某個利基市場的市場區隔化，且不引起太多競爭對手加入；5.適於名牌小規模生產的產品；6.產品具有某獨特性或專利保障；7.屬於新技術之產品，具有創新價值，以及8.屬於產品生命週期第一階段導入期，故取高價，讓有能力的人購買。

行銷上其他常用定價方法

1.聲望（尊榮）定價法

EX：名牌精品、珠寶、
鑽石、轎車、服
飾、化妝保養品、
仕女鞋

2.習慣定價法

EX：報紙10元
飲料20元

3.尾數定價法

EX：990元、399元
499元、999元
199元

4.差別定價法

EX：不同組合、不同節日、不同
時間、不同身分、不同數量
而有不同作法

5.促銷折扣定價法

EX：週年慶8折起

6.新上市產品定價法

(1)吸脂定價法：一開始採取高價
定價法，EX：剛上市的液晶
TV、5G手機等
(2)滲透定價法：一開始採取低價
定價法，獨占市占率，EX:小
米機
(3)平價定價法

定價應變

1.促銷折扣定價法	EX：週年慶期間、全面8折或買二送一或滿額贈
2.尾數定價法	EX：99元、199元、299元、399元、999元
3.差別定價法	EX：遊樂區夜間星光票、電影院早上票價較便宜、休閒度假村週六日定價貴
4.名牌威望定價法	EX：Benz、LV、Gucci、Hermes，價格很少打折扣

Unit 8-4
面對降價戰應考量因素

當某家廠商研發一種產品或服務在市場上炙手可熱時，通常就會有一窩蜂的廠商為搶奪大餅而跟進。後來者通常會以低價掀起戰火，然而並非一定奏效，因為被挑戰的市場領導者也有其一套的因應對策。

一.廠商發動降價戰之原因

市場上常見競爭廠商發動降價戰，例如：國內的消費品、固網電信、行動電話、百貨公司、大賣場、寬頻上網、家電公司、資訊公司等常引起殺價競爭。其主要原因如下：

1.第一品牌廠商力保第一名市占率，並希望拉大與第二名之距離。

2.第二或第三品牌廠商為力爭市占率向上提升，進逼第一品牌。

3.因應景氣低迷，透過降價，以利刺激消費者購買慾望。

4.為解決產能過剩，以降價促銷。

5.在新市場中，搶奪客戶為第一要務，不計損益如何，先有客戶為重。例如：固網電信公司就以低價爭奪中華電信公司的客戶。

6.以降價嚇阻新進者，形成進入障礙，逼迫退出。

7.產業已進入成熟飽和期，成長非常緩慢，甚至有負成長之趨勢，廠商被迫不得不降價，以尋求突破困境。

二.對策應考慮之因素

市場領導者在面對第二位或第三位市場競爭者之降價攻擊時，並沒有一套制式化的因應對策，端視以下幾種因素之程度而作適宜之策略：

1.此產品處在何種產品生命週期？成熟期或成長期，其所採之對策是不同的。

2.產品在公司產品結構中處於何種地位？是主力產品、夕陽產品或附屬產品？

3.競爭者採取低價攻擊之意圖為何？支持的資源又為何？是長期性或短期性？

4.市場（消費者）對價格的敏感性程度如何？

5.價格變動對公司形象、品牌形象之影響為何？

6.價格縱使跟著下降，就能維持以往之總利潤額嗎？

7.公司有無比降價更好的策略或機會來取代降價措施？或是出現另外一套行銷策略，而以降價為過渡階段之短暫性作法？

8.競爭者降價之幅度大小如何？

9.消費者對競爭者之反應狀況如何？此可從通路成員中獲取訊息。

10.同業及公司銷售通路之成員的反應如何？

11.公司對降價戰的長期策略觀察與分析如何？

12.公司在自身成本降低（Cost Down）方面，可以做到多少程度？然後再來看價格對策。

廠商發動降價之原因

1.力保第一市占率

2.第二品牌爭戰第一品牌

3.景氣低迷

4.產能過剩

5.新市場搶占客戶

6.產業生命週期已面臨衰退

廠商面對降價戰之對策評估因素

11.我們可做多少成本降低？

1.處在何種產品生命週期？

2.此產品對公司的重要性程度？

10.通路商的反應如何？

3.對手是短期降價或長期降價？

9.其他同業的反應如何？

面對降價，怎麼辦？

4.消費者對降價的敏感度？

8.應降多少幅度？

5.降價對本公司形象影響如何？

7.有無比降價更好的辦法？

6.降價後利潤能維持住嗎？

Unit **8-5**
價格競爭與非價格競爭

前文提到各家廠商為爭奪市場大餅而點燃所謂的價格戰火，但以價格來競爭絕對有優勢嗎？或者會帶來更多的反效果？那有沒有一種不必談到價格，純用價值來吸引消費者呢？其可行度又是如何？以下我們將探討之。

一.價格戰爭的優缺點

所謂價格競爭（Price-Competiton），係指廠商以削減價格作為唯一的市場競爭手段，圖求擴大銷售量，攻占市場占有率。

(一)優點：

1.價格競爭後，若仍能因銷量增加，而使其盈利不受影響，則不失有效的行銷手段之一。例如：手機電話費下降後，打電話數量反而增加。

2.當產品或市場特性是反映在價格競爭上時，則此乃必然之手段。尤其，在一般性消費品，產品差異化很小時，更是經常利用價格策略來爭奪市場。

(二)缺點：

1.若同業均採同樣手段，則演變成殺價戰，終致兩敗俱傷，殺得大家均無利潤，陷入困境。

2.價格下滑，常會引起產品品質與服務水準下降。

3.價格競爭對資本財力雄厚之大廠影響很小，但對小廠商則終將難以為繼。

4.價格下滑後，就很難再回復原有的價格水準。

5.對整個產業正常發展，埋下不利因子。

二.非價格競爭的優缺點

所謂非價格競爭（Non-Price-Competiton），係指廠商不做價格削減，而另以促銷增加頻率、服務升級、廣告加大、媒體報導、人員銷售增強、產品改善、通路改善、店頭展示等手段，期使擴大銷售量、強化市場占有率。

(一)優點：除可避免上述價格競爭外，其最大優點是能以全面性的努力來追求銷售的績效，而非偏重某一方面。

(二)缺點：當產品或市場特性屬於價格競爭特性與狀況時，若不配合因應，會喪失不少市場。

三.「價格」與「價值」定價的不同思維

傳統上均以成本加成法為定出價格的一種簡單且快速的思維，當然沒錯，因為大部分公司、大部分的人都是如此。

然而，也有少數公司、少數產品或少數服務是採取「價值導向」。他們努力打造出各種對顧客帶來價值的東西，然後訂出一個尊榮式的價格。例如：LV、Chanel、Gucci、Prada、Cartier、Bvlgari、Hermes、Dior等國外名牌精品正是如此。

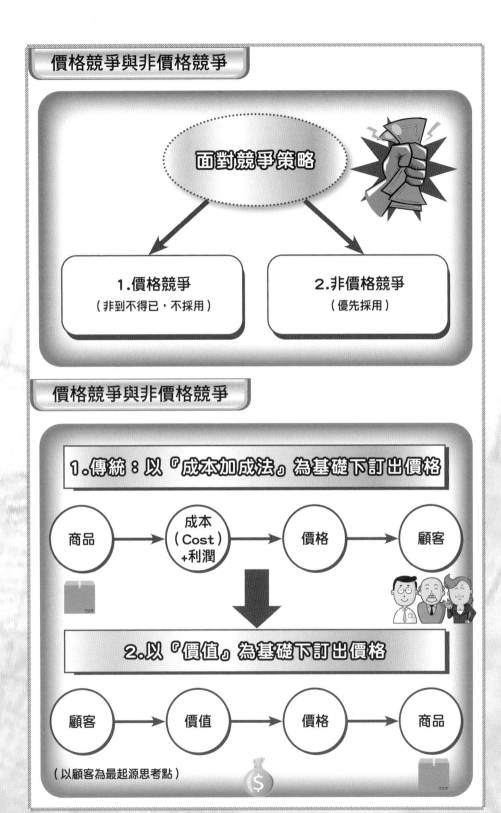

價格競爭與非價格競爭

面對競爭策略

1.價格競爭
（非到不得已，不採用）

2.非價格競爭
（優先採用）

價格競爭與非價格競爭

1.傳統：以『成本加成法』為基礎下訂出價格

商品 → 成本（Cost）+利潤 → 價格 → 顧客

2.以『價值』為基礎下訂出價格

顧客 → 價值 → 價格 → 商品

（以顧客為最起源思考點）

Unit 8-6
行銷業務應具備的損益概念

對於行銷定價的知識，首先應該對公司每月都必須即時檢討的「損益表」（Income Statement），應有一個基本的認識及如何應用才好。

一.損益簡表項目

基本上，損益表的要項就是營業收入（銷售量Q×銷售價格P）扣除營業成本（製造業稱為製造成本，服務業稱為進貨成本）後的營業毛利（毛利率＝毛利額÷營業收入），再扣除營業管銷費用後的營業損益。賺錢時，稱為營業淨利；虧損時，稱為營業淨損。然後再加減營業外收入與支出（指利息、匯兌、轉投資、資產處分等）後，就稱為稅前損益。賺錢時，稱為稅前獲利；虧損時，稱為稅前淨損。然後再扣除稅賦後，即為稅後損益。稅後損益除以在外流通股數，即為每股盈餘（EPS）。

二.損益分析與應用

(一)當公司呈現虧損時，有哪些原因：1.可能是「營業收入額」不夠，而其中可能是銷售量（Q）不夠，或價格（P）偏低所致；2.可能是「營業成本」偏高，其中包括製造成本中的人力成本、零組件成本、原料成本或製造費用等偏高所致；如是服務業則是指進貨成本、進口成本或採購成本偏高所致；3.可能是「營業費用」偏高，包括管理費用及銷售費用偏高所致。此即指幕僚人員、房租、銷售獎金、交際費、退休金、健保費、勞保費、加班費等是否偏高，以及4.可能是「營業外支出」偏高所致，包括利息負擔大（借款太多）、匯兌損失大、資產處分損失、轉投資損失等。

(二)如何掌握損益：基本上來說，公司對某商品的定價，應該是看此產品或公司毛利額，是否是超過該產品或該公司每月管銷費用及利息費用。如有，才算是可以賺錢的商品或公司。因此廠商應該都有很豐富的經驗，預估一個適當的毛利率（Gross Margin）或毛利額。例如：某一商品的定價為1,500元，廠商如以40%毛利率預估，亦即每個商品可以賺600元毛利額，如果每個月賣出1萬個，表示每月可以賺6,000萬元毛利額。如果這6,000萬元毛利額，能超過公司的管銷費用及利息，就代表公司這個月可以獲利賺錢。

(三)每天面對變化很大：不管從銷售量（Q）或價格（P）來看，這二個都是動態的與變化的。因為，公司每個月的Q與P是多少，牽涉諸多因素的影響，包括：1.公司內部因素，例如：廣宣費用支出、產品品質、品牌、口碑、特色、業務戰力等，以及2.公司外部因素，例如：競爭對手的多少、是否供過於求、是否實施銷售戰或價格戰、市場景氣好不好等。

因此，總結來看，企業每天都是在機動及嚴密注視整個內外部環境的變化，而隨時做行銷4P策略上的因應措施及反擊措施。

公司及各產品賺不賺錢——認識損益表

全公司損益表（每月）

營業收入	$00000	
－營業成本	（$ 0000）	（成本率）
營業毛利	$ 0000	（毛利率）
－營業費用	（$ 0000）	（費用率）
營業淨利	$ 0000	
－營業外收支	（$ 0000）	
稅前損益	$ 000	（稅前淨利率）

何謂營業成本

1. 即製造成本：原料、物料、零組件成本
　　　　　　　＋製造人工成本
　　　　　　　＋製造費用（包裝、電力）
　　　　　　　製造成本

EX：一瓶茶裏王飲料成本包括：茶葉、
　　水、糖、包裝瓶、工廠勞工薪水、
　　機械折舊費、水電費運輸成本等。

2. 或進貨成本（服務業）

何謂營業收入：銷售量×銷售價格

EX：	1,000人（每天）
某餐廳：	×1,000元（每客）
年營收3.6億元	100萬元（每天）
	×30天
	3,000萬元（每月）
	×12月
	3.6億元（每年）

茶裏王飲料：	全年賣1,000萬瓶
年營收20億元	×售價20元
	20億元（每年）

iPhone手機：	全年賣100萬支
年營收100億元	×平均售價20,000元
	200億元（每年）

損益表舉例（某年度某月分）

狀況1（獲利）	狀況2（損益平衡）	狀況3（虧損）
1.營業收入：2億 2.營業成本：（1.4億） 3.營業毛利：6,000萬 4.營業費用：（4,000萬） 5.營業淨利：2,000萬 6.營業外收支：100萬 7.稅前損益2,100萬	1.營業收入：1.8億 2.營業成本：（1.4億） 3.營業毛利：4,000萬 4.營業費用：（4,100萬） 5.營業淨利：（－100萬） 6.營業外收支：100萬 7.稅前損益0萬	1.營業收入：1.6億 2.營業成本：（1.4億） 3.營業毛利：2,000萬 4.營業費用：（4,000萬） 5.營業淨利：（－2,000萬） 6.營業外收支：100萬 7.稅前損益（－1,900萬）
• 毛利率為： 　6,000萬÷2億=30% • 稅前獲利率： 　2,100萬÷2億=10% • 營業外收入100萬元指銀行利息收入	• 毛利率為： 　4,000萬÷1.8億=22% • 稅前獲利率： 　0萬÷2億=0%	• 毛利率為： 　2,000萬÷1.6億=12.5% • 稅前獲利率： 　-1,900萬÷2億=-9%
分析：表示某公司在某月分的營業收入及營業成本均正常，故有營業毛利6,000萬元，平均毛利率為3成，符合一般水平；再扣除營業費用4,000萬元，故稅前淨利2,100萬元，稅前獲利為10%，合理水準。	分析：表示營業收入有些滑落，故該月分不賺不賠，成為損益平衡狀況。 •（ ）係指負數或減項。	分析：表示某公司在某月分的營業收入不足，從2億掉到1.6億元，故毛利額減少了4,000萬元，不夠支付其每月營業費用額4,000萬元，故虧損2,000萬元。

Unit **8-7**
毛利率概念說明

何謂毛利率（Gross Margin Rate）？即廠商產品的出貨價格扣掉其製造成本就是毛利率或毛利額；或是零售商的店面零售價格扣掉進貨成本，也就是該產品的毛利率或毛利額。

一.毛利率的計算

毛利率的計算公式如下：

1.出貨價格（零售價格）－製造成本（進貨價格）＝毛利額

2.毛利額÷出貨價格（零售價格）＝毛利率

但依業別不同，其計算成分而有不同，大致歸納以下兩種並列舉說明：

（一）**製造業**：某廠商出貨某批商品，其市場價格每件1,000元，而其製造成本700元，故可賺到毛利額300元，及毛利率為30%，即三成毛利率之意。

（二）**服務業**：店頭標貼零售價格1,400元，而進貨價格1,000元，故每件可賺400元毛利額，及毛利率40%，即四成毛利率之意。

二.各行各業的毛利率

毛利率的確因各行各業之不同而有所落差，例如：

（一）**OEM代工外銷資訊電腦業**：低毛利率。

大概只有5%～10%之間，遠低於一般行業的30%。主要是因為代工製造業（OEM）的接單金額累計很高，一年下來，經常有1,000億元、2,000億元之多，因此，即使只有5%的毛利率，但如果營業額達到2,000億元，那麼算下來（2,000億×5%＝100億），也有高達100億元的毛利額；再扣掉全年公司的各種管銷費用，假設一年為20億元，那還獲利80億元，故仍是賺錢的。這是目前臺灣很多代工外銷業（OEM）毛利率的實際狀況。

（二）**一般行業**：平均中等毛利率（30%～40%）。

一般行業的毛利率，大約在30%～40%之間，亦即三成到四成之間。這是一個合理產業的合理毛利率。例如：傳統製造業的食品、飲料、服飾、汽車、出版品、鞋子、電腦等；或是大眾服務業，例如：速食餐飲、便利商店、大飯店、資訊3C連鎖店等均屬之。如果平均毛利率控制在30%，然後再扣掉15%～25%管銷費用，那麼在不景氣下的稅前獲利率應該在5%～15%之間，也算合理。

（三）**化妝保養品、保健食品行業及高科技產品**：高毛利率（50%～90%）。

少數產品類別，其毛利率非常高，至少50%以上到90%，例如：化妝保養品或保健食品。一瓶保養乳液，假設售價1,000元，那麼其成本可能只有300元。不過，它們的管銷費用率比較高，因為包含大量的電視、廣告費投資及銷售人員高比例的銷售獎金在內，扣除這些高比例的管銷費用率，其合理的獲利率，大約也只有15%～20%之內，並沒有超額的高獲利率。但是像高科技的台積電公司，其毛利率高達51%，而稅前獲利率更高達40%。

何謂營業毛利

- 粗的利潤額，並非淨利潤額。

- 必須再扣除營業費用（管銷費用）。

- 毛利額必須足夠Cover總公司管銷費用，才能真正賺錢。

- 毛利率也不能過低，否則不能Cover管銷費用時，公司即會虧錢。

**合理、一般的毛利率
30～40%（3成～4成之間）**

何謂稅前淨利

- 課徵營利事業所得稅之前的淨利潤。

- 一般在5%～15%之間。

- 服務業及零售業較低，大約在2%～6%之間。

- 高科技產品較高，大約在20%～40%之間。

知識補充站

滲透定價法的適用

滲透定價法有六種：1.消費者不願意以高價購買此產品；2.消費者對價格的敏感度極高，低價能廣受歡迎；3.低價由於利潤少，故能削弱其他競爭者加入的意願；4.產銷量大時，每單位之成本可望逐漸下降；5.廠商希望能爭搶更大的市占率，成為市場的領導品牌，以及6.基於薄利多銷的概念，雖然單位利潤低，但銷量大，故仍能賺錢。

Unit **8-8**
獲利與虧損之損益表分析

企業要永續經營，當然要不斷持續的獲利。然而要如何判斷是什麼因素導致虧損，或是想提高獲利要從企業內部哪些單位著手？其實損益表上的各種數字，即能看出端倪。

一.提高獲利三要素

從損益表的結構項目來看，企業或各事業部門擬達到獲利或提高獲利，務必努力做到下列三點：

(一)營業收入目標要達成及衝高：主要是提高銷售量，努力把產品銷售出去。

(二)成本要控制及降低：產品製造成本、產品進貨成本或原物料、零組件成本，必須定期檢視及採取行動加以降低或控制不上漲。

(三)費用要控制及降低：營業費用（即管銷費用）必須定期檢驗及採取行動，加以降低或控制不上漲。包括：

　1.各級幹部薪資降低。

　2.業務部門獎金降低。

　3.辦公室租用房租降低。

　4.用人數量（員工總人數）的控制及減少，例如：遇缺不補。

　5.廣告費用降低。

　6.加班費控制。

　7.其他雜費的控制及降低。

二.導致虧損四要素

有些企業在某些時候，可能也會出現虧損，其主要原因在於：

(一)營業收入（營收）偏低：營收偏低或沒有達成原訂目標，或沒有達到損益平衡點以上的營收額，將會波及公司無法有足夠的毛利額來產生獲利。故公司業績（營收）差時，即有可能產生當月分的虧損。例如：淡季、不景氣、競爭太激烈時，均使公司營收衰退無法達成目標，公司即會虧損。

(二)成本率偏高：當公司製造成本率或進貨成本率比別家高時，即會使公司無法有足夠的毛利率來獲利賺錢。故要比較別家成本，並分析為何本公司成本會比別家高。

(三)毛利率偏低：毛利率是獲利的基本指標，一般平常的毛利率大抵在30～40%，如果低於此一水準，即非業界水平，則會虧損。當然，資訊3C產品毛利率會較低，而化妝保養品及高科技業公司的毛利率則會高些。故要轉虧為盈，一定要使毛利率有上升空間。而毛利率的上升途徑，不外是從提高售價或降低成本率這兩個方向努力規劃。

(四)營業費用率偏高：也可能是公司虧損的原因之一，故要思考從管銷費用項目努力下降。

影響營業收入之因素

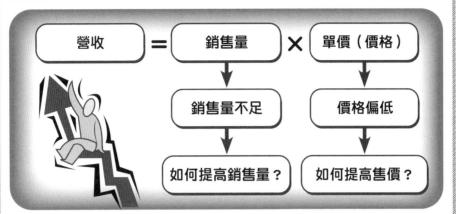

營收 ＝ 銷售量 ✕ 單價（價格）

銷售量不足 　 價格偏低

如何提高銷售量？ 　 如何提高售價？

如何提高營收？

1. 開發成功的新產品上市
2. 改良既有產品上市
3. 加碼行銷支出預算
4. 推出代言人行銷、網紅行銷
5. 製拍一支有吸引力的電視廣告片（TVCF）
6. 推出促銷活動（週年慶、年終慶等）
7. 普及通路鋪貨上架
8. 調整價格（漲價）
9. 打造品牌、品牌年輕化
10. 規劃360度整合行銷傳播活動
11. 加強公關發稿露出見報
12. 還有其他行銷活動（定位改變、TA改變等）
13. 加強服務，提高顧客滿意度

企業虧損4要素

4大原因	如何解決
1. 營業收入偏低（銷售量不足）	1. 提高營收
2. 營業成本偏高（製造成本偏高）	2. 降低成本
3. 營業毛利偏低（毛利率偏低）	3. 提高毛利率
4. 營業費用偏高（費用偏高）	4. 降低（控制）費用

Unit 8-9
BU制與營收衝高方法

實務上，很多企業都採取產品BU制（BU: Business Unit；責任利潤中心制）或品牌BU制或分店別BU制或事業部別BU制，在各個獨立自主與權責合一且責任利潤中心制度下，各個BU都必須與每月的損益表相結合，以此觀察它們的經營績效與行銷效益。

一.BU制與損益表的關聯性

身為一個重要的行銷經理人，每天應注意影響損益變化的因素。每天到公司應該馬上打開電腦或瀏覽由助理拿進來的：

1.每日總銷售日報表或每週總銷售日報表，是否達成目標預算。

2.各種重要通路的銷售日報表或每週通路銷售日報表，是否達成目標預算。

3.各產品別或各品牌別的銷售日報表或每週銷售日報表，是否達成目標預算。

此外，亦要留意：

4.每週或每月營業費用（管銷費用）支用，是否在預算控管範圍內。

最後，則要分析：

5.每週或每月全部公司損益如何，賺錢或虧損？是在哪個產品或品牌或事業部產生獲利或虧損？

總之，必須注意，分析及思考下列圖示的每日、每週及每月變化狀況如何：

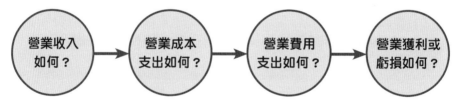

二.營業收入要衝高的方法

營收要衝高或達成目標的方法，不外是：1.銷量售要增加或衝高，及2.售價（單價）要上升。

但面對激烈競爭的今天，單價要提高，實非易事，因此只有從銷售量方向著手提高或衝高了。而要衝高銷售量，是非常廣泛的作法，包括：1.打折扣戰，或打降價戰，此法最直接快速、有效，但也會使本公司產品毛利率下降；2.做大抽獎、大贈獎、買三送一等促銷活動；3.推出新產品、新款式、新車型等，帶動對新產品有吸引力之買氣，提高業績；4.做較大量的電視、報紙廣告，以打響品牌知名度；5.改善產品的品質、功能、特色，以增強產品力；6.增加上架通路的據點，使通路更加普及化，增加銷售可能性；7.增強人員銷售組織戰力，加強每人銷售責任額；8.加強公關報導及露出，以提升企業形象及知名度，以及9.推出低價位的新產品，以吸引低所得大眾的購買。

案例

案例1　臺灣P&G（寶僑）公司洗髮精有4個品牌BU的每月損益表

	(一)潘婷	(二)海倫仙度絲	(三)飛柔	(四)沙宣
營業收入	○○○○	○○○○	○○○○	○○○○
－（營業成本）	（○○○○）	（○○○○）	（○○○○）	（○○○○）
營業毛利	○○○○	○○○○	○○○○	○○○○
－（營業費用）	（○○○○）	（○○○○）	（○○○○）	（○○○○）
營業損益	○○○○	○○○○	○○○○	○○○○
±（營業外收支）	（○○○○）	（○○○○）	（○○○○）	（○○○○）
稅前損益	○○○○	○○○○	○○○○	○○○○

（註：BU制：Business Unit，即獨立單位的責任利潤中心體制）

案例2　某食品飲料公司有4種產品線的每月損益表

	(一)鮮乳產品	(二)茶飲料產品	(三)果汁產品	(四)咖啡飲料
營業收入	○○○○	○○○○	○○○○	○○○○
－（營業成本）	（○○○○）	（○○○○）	（○○○○）	（○○○○）
營業毛利	○○○○	○○○○	○○○○	○○○○
－（營業費用）	（○○○○）	（○○○○）	（○○○○）	（○○○○）
營業損益	○○○○	○○○○	○○○○	○○○○
±（營業外收支）	（○○○○）	（○○○○）	（○○○○）	（○○○○）
稅前損益	○○○○	○○○○	○○○○	○○○○

案例3　新光三越百貨公司全國有20個分館的每月損益表

	(一)臺北信義店	(二)臺北站前店	(三)臺中店	…
營業收入	○○○○	○○○○	○○○○	…
－（營業成本）	（○○○○）	（○○○○）	（○○○○）	…
營業毛利	○○○○	○○○○	○○○○	…
－（營業費用）	（○○○○）	（○○○○）	（○○○○）	…
營業損益	○○○○	○○○○	○○○○	…
±（營業外收支）	（○○○○）	（○○○○）	（○○○○）	…
稅前損益	○○○○	○○○○	○○○○	…

分公司別、產品線別、品牌別、事業部別BU損益表

	品牌A	品牌B	品牌C	合計
營業收入				
營業成本				
營業毛利				
營業費用				
營業淨利	$0000	$0000	$0000	$0000

Unit **8-10**
價格＝價值（Price＝Value）

（一）價值認知

定價最重要的部分是什麼？

我認為是一個詞：價值（Value）。進一步的說，即「對顧客的價值」！顧客願意支付的價格，就是公司能取得的價格，這反應出顧客對商品或服務的「價值認知」！通常高品牌、高品質的產品，定價都比一般的來的貴一點。

例如：在家電類，Sony、Panasonic、象印、虎牌、日立……等品牌的定價都比別的品牌貴一些。這是因為顧客認知到這些品牌具有較高的品質與保證性，故願意付出較高的價格。

（二）價值的3種類

行銷經理對價值的操作，可有三種對策。如下：

1. 創新價值（Value-creation）：有關材料的品質等級，性能表現，設計時尚感都會激發顧客內心中的認知價值；而這也是公司要求研發人員及商品開發人員在「創新」（Innovation）方面可以發揮作用的地方。
2. 傳遞價值（Value-transfer）：包括描述產品、獨特行銷主張、打造品牌力、產品的包裝、產品陳列方式等，都可以影響價值的付遞；亦即，在傳遞價值方面也可以提高分量。
3. 保有價值（Value-treep）：售後服務、產品的保證、保障、客製化的服務等，都是形塑持續、正向價值認知的決定性因素。

（三）價格設定在產品理念構思之初就開始了！

價格設定高或低或中價位，在產品理念構思初期就應該開始。當我們設想新產品將是具有創新性、高品質、高價質感的時候，就知道這也將是我們高價位品項的一種。

（四）價格終將被遺忘，只有產品的品質還在！

「一分錢，一分貨」即代表價格與品質、價值是同一方向的，高價格就必然是高品質。價格常常很短暫，且很快就會被遺忘；很多消費者行為研究，就算是剛買的東西，有時也想不起它具體的價格。產品品質水準認知，不管是好還是壞，都會伴隨著我們。

（五）小結：

行銷經理對價值的操作，可有三種對策。如下：

1. 記住，最根本的購買動力，源自於顧客眼中的認知價值（Perceived-value）。
2. 只有讓顧客感受到價值，才能創造顧客購買的意願。
3. 若能強烈讓顧客感受到價值創新與出色的傳遞價值，會讓顧客更願意付錢購買。
4. 行銷處理人應該協同出色的研發團隊與商品開發團隊，努力去創造3種價值：
   (1) 創新價值　　(2) 傳遞價值　　(3) 保有價值
5. 行銷經理人必須確保產品的高品質，並且不斷加以改良、改造、升級、強化及全面提升！

Unit 8-11
成功的高價策略

高價→高毛利→高利潤，似乎是一個邏輯；但顧客只有在確保能獲得高價值產品或服務時，才會支付高價格，而且，如果定高價，但銷售量不足時，高價定位也不會成功。

(一) 成功高價定位的案例：

以國內市場為例來看，定高價的有：
1. 家電產品：Sony、Panasonic、日立、大金、象印、膳魔師、虎牌等。
2. 3C產品：Apple、iPhone、iPad、三星Galaxy S系列手機、Sony Xperia手機等。
3. 汽車產品：賓士（Benz）、BMW、LEXUS（凌志）、賓利等。
4. 化妝保養品：Sisley、lamer、雅詩蘭黛、蘭蔻、Dior、SK-II等。

(二) 高價策略的成功因素

1. 優異的價值是必備條件：
   只有為顧客提供更高的產品附加價值，高價品牌的訂價策略才會成功。
2. 創造式基礎：
   創造是持續成功的高價品的訂價基礎，這種創新可指革命性創新或持續不斷的改進，永遠追求更好。
3. 始終如一的高品質是必備條件：
   要確保產品品質與服務品質，都是高端的。
4. 高價品牌擁有強大品牌影響力：
   高價策略的支撐，乃在於品牌的高級形象所致。
5. 高價品牌在廣告宣傳上投入適當資金：
   高價品牌每年都會投入適當的廣宣費用，以維繫品牌聲望與曝光度。
6. 高價品牌盡量避免太多的促銷：
   促銷與打折都會危害品牌的高價定位，除了週年慶外，應盡量避免促銷活動。

Unit **8-12**
成功的特高價奢侈品定價策略

高價商品再上去就是名牌精品的奢侈品了。

(一) 奢侈品的案例：

　　例如歐洲的名牌精品，包括：LV、Gucci、Dior、Hermes、Burberry、Prada、Cartier、ROLEX、百達斐麗、愛彼錶、伯爵錶、OMEGA錶、寶格麗等均屬之。

　　這些特高價名牌精品的價格高，利潤也極高。

(二) 奢侈品定價策略的成功因素：

1. 奢侈品必須永遠保持最好等級的產品性能、設計與品質。
2. 聲望效應是重大推動力：
   奢侈品具有傳遞和給予非常高的社會聲望。
3. 價格既能提升聲望效應，又是反映品質的指標。
4. 設定產量上限，形成稀少性的感受。
5. 嚴格避免折扣、打折的活動：
   這會損害產品、品牌或公司形象，而且會使產品價值加速消失。
6. 頂尖人才必不可少：
   每個員工的素質都必須達到最高標準，工作表現必須達到最高水準。這包括在整條價值鏈上，從設計、製造、品管、銷售、行銷廣宣到專賣店銷售人員的儀容等。
7. 掌控價值鏈是非常有利的。
8. 遵守「高價格，低產量」原則。

Unit 8-13
成功的低價策略

低價定位也能取得商業上的成功。

(一) 低價定位成功的案例

1. 國外案例Wal-Mart（沃爾瑪）量販店、IKEA居家店、H&M、ZARA及UNIQLO服飾連鎖店，國外的廉價航空（如艾爾的瑞安航空）、美國Dell戴爾電腦、美國Amazon亞馬遜網購等。
2. 國內案例：Costco（好市多）、家樂福、路易沙咖啡連鎖店、五月花衛生紙、以及其他諸多的飲料、礦泉水、蛋糕、小火鍋、以及虎航廉價航空等品牌。

(二) 低價策略的成功要素

1. 經費非常有效率：
   所有成功的低價定位公司都是基於極低的成本和極高的運作效率來經營，這使得他們儘管以低價銷售產品，卻依然有很好的毛利及獲利。
2. 確保品質穩定並始終如一：
   如果產品的品質不好和不穩定，即使以低價出售，也是不可能成功的。持續的低價成功需要有穩定且始終如一的品質。
3. 採購高手：
   這意味在採購上立場強硬。
4. 推出自有品牌：
   例如：沃爾瑪、好市多、家樂福、Dell電腦……等，均是推出低價的自有品牌供應給消費者。
5. 定位清楚：
   低價公司一開始就定位在低價格及穩定品質的經營政策上。
6. 鎖定最低成本生產：
   尋找最低勞工工資及最低原物料生產的地方製造，以確保低成本生產。

Unit **8-14**
成功的中價位策略

中價位策略也是經常見到的，特別是針對中產階級與中階所得的顧客。

(一) 成功中價位定位的案例：

以國內市場為例來看，取中價位策略有：
1. 手機：華為、OPPO、VIVO、三星A系列等品牌。
2. 家電：東元、大同、歌林等品牌。
3. 餐飲：陶板屋、西堤等品牌。
4. 汽車：TOYOTA的Camry品牌。
5. 化妝保養品：資生堂、萊雅、植村秀等品牌。

(二) 中價位策略的成功因素

中價位策略成功的因素，可以歸納如下：
1. 具有中高等級與穩定的品質水準。
2. 具有一定的品牌知名度與品牌形象。
3. 消費者有物超所值感及一定特色。
4. 以中產階級與中階所得水準的顧客為對象。
5. 消費者的心理狀態為：既不放心太低價格的品質水準，但也不追逐太高價格的虛榮心。

(三) 中價位策略為何能夠存在

一般認為在M型消費的社會中，企業定價應該盡量往高價位及低價位兩端方向走，而認為中價位的市場空間不大。不過，這幾年的市場發展顯示，在都會區仍有一群為數不少的中產階級或中階收入者，他們需求的仍是中價位的定價。

這一群人的消費特質是：既不放心太低價的低層次品質水準，但也不會去追逐太高價的奢侈品牌水準，他們要的是介於高價與低價二者間的中價位。事實上以中價位為定價的品牌有愈來愈多的趨勢！

第 9 章

銷售推廣策略、整合行銷及代言人行銷

●●●●●●●●●●●●●●●●●●●●●●● 章節體系架構 ▼

Unit **9-1**
銷售推廣組合之內容

銷售推廣組合（Promotion Mix），也稱傳播溝通組合（Communication Mix），係指公司在進行說服性溝通時，可採用許多手段，例如：廣告活動、室內展示、贈品、免費樣品等，這些手段稱為推廣工具。而推廣組合的目的，就在於如何「配置」其「推廣組合」，使之達成最大推廣力量之策略。

推廣組合通常包括五項要素，互為搭配運用，以期最少的推廣成本，達到最大的推廣效果。

一.廣告

廣告（Advertising）係指由身分明確之廠商，為推銷某觀念、商品或服務，因而所提任何型態之支付代價的非人身表達方式，均稱為廣告。廣告形式包括電視廣告、報紙廣告、雜誌廣告、網路及行動廣告、戶外廣告、廣播廣告等六大類為主。

二.促銷

銷售促進（Sales Promotion）係指一切刺激消費者購買或經銷商交易的行銷活動，例如：競賽、遊戲、抽獎、彩券、獎金、禮物、派樣、商展、發表會、體驗券等。

三.人員銷售

人員銷售（Sales Forces）係指為銷售產品，與一位或數位可能顧客，所進行交涉中的一切口頭陳述（Oral Presentation）均屬人員銷售，例如：銷售簡報、銷售會議、電話行銷、激勵方案、業務員樣品、商展或展示會等。

四.公共報導

公共報導（Publicity）是指一種非付費的非人員溝通方式，經由製作有關產品、服務、企業機構形象等宣傳性新聞，而透過大眾平面傳播媒體所報導者，均為公共報導。

五.直效行銷

直效行銷（Direct Marketing）係指直接於消費者家中或他人家中、工作地點或零售商店以外的地方進行商品的銷售，通常是由直銷人員於現場，對產品或服務作詳細說明或示範。目前隨著科技進步，運用的媒介也有所不同，例如：產品型錄、大本DM特刊、電話行銷、電視購物、EDM、手機簡訊等。

銷售推廣組合之內容

1.廣告、宣傳、代言人行銷

2.促銷、直效行銷

目標客戶

3.公關活動、記者會

4.人員銷售

NEWS

推廣的細分如下：

廣告	・網路廣告 ・代言人	・戶外廣告 ・網紅	・電視廣告
銷售促進	・競賽、遊戲 ・派樣 ・折價券	・抽獎、彩券 ・發表會 ・商展	・獎金、禮物 ・體驗(試用) ・買一送一
公關	・記者招待會 ・公共報導 ・事件行銷	・研討會 ・演講	・慈善樂捐 ・年報
人員銷售	・銷售簡報 ・激勵方案 ・商展或展示會	・銷售會議 ・業務員樣品	・電話行銷
直效行銷	・產品型錄 ・電視購物	・郵件(DM特刊) ・E-Mail(EDM)	・電話行銷 ・手機簡訊

Unit **9-2**
促銷策略的重要性及功能

　　行銷與業務（Marketing & Sales）是任何一家公司創造營收與獲利的最重要來源。而在傳統的行銷4P策略作業中，「推廣促銷策略」（Sales Promotion Strategy, SP）已成為行銷4P策略中最為重要的策略。而促銷策略通常又會搭配「價格策略」（Pricing Strategy），形成相得益彰與「贏」的行銷兩大工具。

一.促銷策略重要性大增的原因

　　近幾年來，全球各國促銷策略運作已非常廣泛、普及且深入，最主要原因有三：

　　(一)主力品牌產品差異化不大：大部分的主力品牌產品，已不容易創造多大的產品差異化優勢；換言之，產品水準已非常接近，大家都差不多。既然大家都差不多，那麼就要比價錢、促銷優惠或服務水準。

　　(二)景氣低迷讓消費者更精打細算：近年來，市場景氣低迷，只有微幅成長甚或衰退。在景氣不振之時，消費者更會看緊荷包，寧願等到促銷才大肆採購；換言之，消費者更聰明、更理性、更會等待，也更會分析比較。

　　(三)激烈競爭把消費者的胃口養大了：競爭者的激烈競爭手段，一招比一招高、一招比一招重，已把消費者的胃口養大。但這也無可避免，競爭者只有不斷出新招、奇招，才能吸引人潮，創造買氣，提升業績，達成營收額創新高之目標，並取得市場與品牌的領導地位。

二.促銷的功能何在

　　促銷是廠商經常使用的重要行銷作法，也是被證明有效的方法，特別在景氣低迷或市場競爭激烈，促銷經常被使用。茲歸納其功能如下：

　　(一)能有效提振業績：使銷售量脫離低迷，有效增加。

　　(二)能有效出清快過期過季商品的庫存量：特別是服飾品及流行性商品。

　　(三)獲得現金流量，也是財務目的：特別是零售業，每天現金流入量大，若加上促銷活動，現流更大。對廠商也是一樣，現流增加，對廠商資金調度也有很大助益。

　　(四)能避免業績衰退：當大家都做促銷時，如果選擇不做，則必然會帶來業績衰退的結果。因此，像百貨公司、量販店等各大零售業，幾乎都跟著做，不敢不做。

　　(五)為配合新產品上市：新產品上市為求一炮而紅，幾乎都會有一連串的造勢活動促銷，有助於新產品的氣勢與買氣。

　　(六)為穩固市占率：市占率要屹立不搖相當不易，廠商為了穩固也不得不做。

　　(七)為維繫品牌知名度：平常為維繫品牌知名度，偶而也要做促銷活動，順便上電視版廣告。

　　(八)為達成營收預算目標：有時只差臨門一腳就達到目標，只好加碼促銷。

　　(九)為與通路維持友好關係：有時為維繫及滿足全國經銷商的需求與建議，也會有人情上的促銷活動。

促銷活動的效果

僅次於電視廣告的最重要行銷活動

促銷活動
很重要

→ 廠商已把行銷廣告支出預算，轉移放在促銷活動上，而減少其他廣告支出費用。

促銷活動9大效果：搶錢大作戰

1. 提高業績

2. 達成營收
預算目標

3. 增加現流
（現金流入）

4. 去化庫存

5. 去化過季品

6. 提高顧客
再購率與忠誠度

7. 守住市占率
與市場地位

8. 達成集客、
吸客目標

9. 回饋主顧客、
提高滿意度

節慶促銷

・年終慶（10月～12月）
・年中慶（5月～7月）
・農曆春節慶（2月）
・元旦節慶（1月）
・元宵節慶（3月）
・中秋節慶（9月）
・母親節（5月）
・父親節（8月）
・開學季（9月、2月）

・端午節（6月）
・清明節（5月）
・情人節
・冬季購物節
・秋季購物節
・春季購物節（4月）
・夏季購物節（7月）
・聖誕節（12月）
・中元節（7月）

Unit 9-3
常見促銷方法的彙整

「促銷」（Sales Promotion）已成為銷售4P中最重要的一環，而且是經常的、無時無刻不被用來運作的工具。

一.日趨重要的促銷戰

促銷之所以日趨重要，是因為當產品外觀、品質、功能、信譽、通路等都日趨一致，而沒有差異化時，除極少數品牌精品外，所剩的行銷競爭武器，就只有價格戰與促銷戰了。而價格戰又常被含括在促銷戰中，是促銷戰運用的有力工具之一。

二.促銷方法的十五項彙整

既然促銷戰如此重要，本單元蒐集近年來，各種行業在促銷戰方面的相關作法，經過歸類、彙整後，特列出對消費者具有誘因的促銷方法，供讀者參考。

（一）**買一送一或買二送一**：買一送一相當於打5折，故近來頗受歡迎，經常可看到各行業都使用。

（二）**折扣**：例如百貨公司或超級市場，都會在每個時節或特殊日子或換季時進行打折活動，平常消費者都會暫時忍耐消費，期待打折時再大舉購買，以節省支出。

（三）**滿額贈獎／滿千送百**：例如購買滿多少金額以上，就免費贈送手提袋或其他產品，刺激消費者購買足額，以得到贈獎。另外，滿千送百也很受歡迎，即買2,000元送200元抵用券；滿1萬送1,000元抵用券或禮券。

（四）**抽獎**：這是最常使用的方式，例如：將標籤剪下參加抽獎活動，獎項可能包括國外旅遊機票、家電產品、轎車、日用品等。

（五）**免費樣品**：不少廠商將新產品投遞到消費者家中信箱裡，免費將樣品提供消費者使用，以打開知名度及使用習性。

（六）**促銷型包裝**：愈來愈多廠商為了引起消費者現場購買的情緒，通常都會有一大一小的包裝，小的產品則屬贈品。另外，也有組合式包裝或兩大產品的共裝，但價格卻較個別購買時便宜，主要目的，還是希望藉此稍微便宜的價格，增加銷售量。

（七）**購買點陳列與展示**：偶爾也見廠商在各種場合，以現場展示與說明，吸引消費者購買。此外，也常見在購買現場張貼海報或旗幟，引起消費者注意。

（八）**公開展示說明會**：例如電腦、資訊、家電或海外房地產等產品，常會邀請潛在顧客到一些高級場合參觀公司公開的展示說明會，好讓消費者增加認識與信心。

（九）**特價品**：均價99元或特價區每件99元或任選三樣等低價促銷，吸引消費者。

（十）**集點贈**：積點換贈品活動。

（十一）**折價券**：贈送折價券或抵用券（Coupon）。

（十二）**加價購**：消費者只要再花一些錢，就可以買到更貴、更好的另一個產品。

（十三）**第二個有優待**：如買第二個，以八折優待。

（十四）**來店禮及刷卡禮**：這是百貨公司常見的促銷手法。

（十五）**加送期數**：例如兒童雜誌每月300元，一年期3,500元；但新訂戶免費加送2期，合計一年有14期可看。

促銷方法與工具彙總

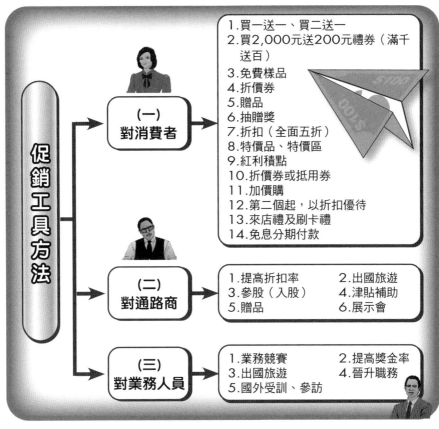

促銷工具方法

(一) 對消費者
1. 買一送一、買二送一
2. 買2,000元送200元禮券（滿千送百）
3. 免費樣品
4. 折價券
5. 贈品
6. 抽贈獎
7. 折扣（全面五折）
8. 特價品、特價區
9. 紅利積點
10. 折價券或抵用券
11. 加價購
12. 第二個起，以折扣優待
13. 來店禮及刷卡禮
14. 免息分期付款

(二) 對通路商
1. 提高折扣率
2. 出國旅遊
3. 參股（入股）
4. 津貼補助
5. 贈品
6. 展示會

(三) 對業務人員
1. 業務競賽
2. 提高獎金率
3. 出國旅遊
4. 晉升職務
5. 國外受訓、參訪

12種最有效的促銷活動項目

1. 全面折扣，全面降價（八折，五折起）
2. 滿千送百、滿萬送千（送禮券、折價券）
3. 買一送一
4. 集點贈（送較佳的好贈品）
5. 大抽獎
6. 免息分期付款
7. 包裝式促銷，買大送小，加量不加價
8. 滿額送贈品（好禮三選一）
9. 來店禮
10. 刷卡禮
11. 折價券或優惠券
12. 買二件，六折算

159

Unit **9-4**
促銷活動成功要素與須知

不見得每家廠商的促銷活動都會成功，有時也會失敗或成效不佳。為了不白白浪費促銷活動的資源，廠商在做促銷活動時應掌握必要訣竅，才能達到最佳促銷效果。

圖解行銷學

一.促銷活動成功要素

(一)**誘因要夠**：促銷活動的本身誘因一定要足夠，例如：折扣數、贈品、抽獎品、禮券等吸引力。誘因是基本要素，缺乏誘因，就難以吸引消費者。

(二)**廣告宣傳及公關報導要夠**：促銷活動若沒有廣告宣傳及公關報導露出，那就沒人知道，效果就會大打折扣。因此，適當的投入廣宣及公關預算，也是必要的。

(三)**會員直效行銷**：針對幾萬或幾十萬名特定的會員，可以透過郵寄目錄、DM或區域性打電話通知的方式，告知及邀請地區內會員到店消費。

(四)**善用代言人**：少數產品有代言人的，應善用代言人做廣告宣傳及公關活動引起報導話題，以吸引人潮。

(五)**與零售商大賣場良好配合**：大賣場或超市定期會有促銷型的DM商品，廠商應該每年幾次與零售商做好促銷配合，包括賣場的促銷陳列布置、促銷DM印製及促銷贈品現場贈送活動等。

(六)**與經銷店良好配合**：有些產品是透過經銷店銷售的，例如：手機、3C家電、資訊電腦等，如果全國經銷店店東都能配合主動推薦本公司產品給消費者，那也會創造好業績。

二.促銷活動重要須知

在辦理促銷時，應注意下列事項：

(一)**官網的配合**：公司官方網站應做相對應的配合，例如：公告中獎名單等。

(二)**增加現場服務人員，加快速度**：在促銷活動的前幾天，零售賣場可能會擠進一堆人潮，此時現場收銀機服務窗口及服務人員，可能必須多加派一些人手支援，以避免顧客抱怨，影響口碑。

(三)**避免缺貨**：對廠商而言，促銷期間應妥善預估可能增加的銷售量，務必做好備貨安排，隨時供應到零售店面去，而不至於出現缺貨的缺失，以避免顧客抱怨。

(四)**快速通知**：對於中獎名單、顧客通知或贈品寄送的速度，應該要儘快完成，要有信用。

(五)**異業合作協調妥善**：對於與信用卡公司或其他異業合作的公司，應注意雙方合作協調事項，勿使問題發生。

(六)**店頭行銷要配合布置**：對於廠商自己的連鎖直營店、連鎖加盟店或零售大賣場的廣宣招牌、海報、立牌吊牌等，都應該在促銷活動日期之前就要布置完成。對於店員的員工訓練或書面告知，也都要提前做好。

(七)**停止休假**：在促銷期間，廠商及零售賣場經常是全員出動而停止休假。

促銷活動成功5要素

1.促銷方案誘因足夠
吸引人
・滿5,000元送500元
・全面五折起

2.廣宣力道足夠、廣
宣預算足夠

3.媒體公關報導及則
數露出足夠

4.各門市店地區性
DM夾報行銷及電
話行銷足夠

5.大型賣場與零售據
點的店頭POP及
陳列配合足夠

訂定促銷活動數據「目標」

1.業績、營收額
目標

2.利潤額目標

3.來客數目標

4.客單價目標

5.還有其他
可能的目標

促銷效益評估

1.營收要大幅增加

2.毛利額要增加

3.扣掉促銷費用

4.淨利潤要增加

EX： 平常（每月）　　　　促銷期（當月）
10億　　→　　20億

×30%毛利率　　　　×20%毛利率
3億毛利額　　　　　4億毛利額

－2億（管銷費用）　－（2億＋0.5億）
1億（淨利潤）　　　1.5億（淨利潤）

淨利潤從過去每月1億元，增加
到當月的1.5億元

Unit **9-5**
廣告與媒體業流程價值鏈

廣告主（廠商）與廣告代理商、媒體購買商、媒體公司、公關公司及整合行銷公司，這五者間究竟有其關聯性呢？廠商為了節省經費而捨去一些外部單位，對本身產品會有何影響呢？以下我們將探討之。

一.廠商與媒體單位之關聯

一般來說，廠商行銷工作經常要與外界的專業單位協力進行才能完成，有不少事情，並不是由廠商自己做就可以做好的。如果找到優良的協力廠商，借助他們的專業能力、創意能力、人脈存摺能力及全力以赴的態度之下，反而會做得比廠商自己要好很多，例如做：廣告創意、購買媒體、公關報導、大型公關活動、置入式行銷等工作，就經常需要仰賴外圍協力公司的資源，才能發揮更大的行銷成果。

二.為何需要廣告代理商

除了廠商本身缺乏這方面專業的原因外，還有他們有比較好的創意展現及專業能力，也是主要原因。

當然，廠商必須選擇優質的廣告代理商，才會做出成功的廣告片，播放之後，也才會有好的成效。

三.為何需要媒體代理商

當然是有其經濟考量及宣傳效益。

簡單來說，就是媒體代理商可以集中向媒體公司採購，在規模經濟效應下，可以買到比較便宜的媒體時段託播成本。如果廠商自己買，成本必然會增加，而且媒體公司也不一定理會。同時媒體代理商具有媒體組合規劃與媒體預算配置的專業能力，這就不是一般廠商可親力親為的。

四.廣告公司提案的流程

廣告公司對廣告廠商的CF創意簡報提案流程，大致說明如下，即一開始廣告廠商對廣告公司業務主管（AE）說明此次廣告目的及內容方向與簡介，於是廣告公司召開內部策略會議，討論行銷研究及產業研究、創意策略和媒體策略，之後再向廣告主提案並討論，最後再做修正，然後正式定案。

以上為前置作業，再來要進行後置作業，即拍攝CF，交片子給顧客看，並做修正，然後安排上電視的預算及時間與播次，最後提供廣告刊播後的效果分析報告，包括觸及率、促購度、知名度等給廣告廠商。

廣告與媒體業價值鏈關係圖示

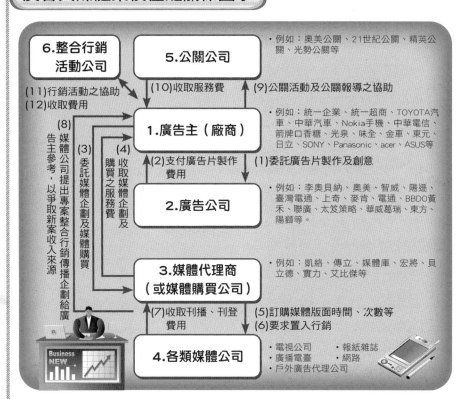

廣告公司提案流程

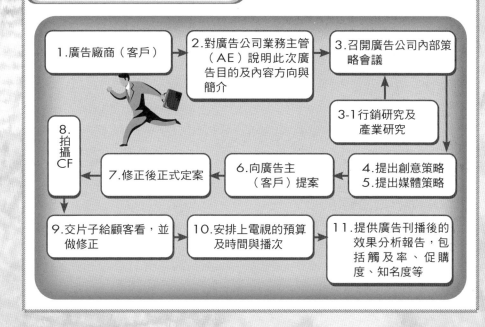

163

Unit **9-6**
電視廣告的優點與效益

　　史上第一支電視廣告是在1941年7月1日晚間2點29分播出的，由寶路華鐘錶公司（Bulova Watch Company）以9美元（約新臺幣297元）的價格，向紐約市的全國廣播公司（NBC）旗下的「WNBC」電視臺購買棒球賽播出前的10秒鐘時段。

　　當時的電視廣告內容十分簡單，僅是一支寶路華的手錶顯示在一幅美國地圖前面，並搭配了公司的口號旁白：「美國以寶路華的時間運行！」

　　在美國，電視廣告對社會大眾的影響力之大，候選人被認為若不能推出一支好的電視廣告，將難以在選舉中獲得勝利。

　　可見電視廣告（TVCF）迄今仍是屹立不搖，是廠商最主要的首選刊播媒體。

一.電視廣告的優點及正面效果

　　(一)電視廣告的優點是：1.具有影音聲光效果，最吸引人注目；2.臺灣500萬戶有電視家庭每天開機率高達90%以上，代表每天觸及的人口最多，效果最宏大，以及3.屬於大眾媒體，而非分眾媒體，各階層的人都會看。

　　(二)其為廠商帶來的正面效果是：1.短期內，打產品或品牌知名度效果宏大；2.長期內，為了維繫品牌忠誠度，並具有提醒效果，以及3.促銷活動型廣告與企業形象型廣告均有顯著效果。

二.刊播預算與效益驗證

　　電視廣告刊播預算要多少才具有效益呢？而其效益要如何驗證？

　　(一)新產品上市：至少要3,000萬元以上才夠力，一般在3,000萬～1億元之間，才能打響新產品知名度。

　　(二)既有產品：要看產品營收額的大小程度，像汽車、手機、家電、資訊3C、預售屋等，營收額較大者，每年至少花費5,000萬～1億元之間，一般日用消費品的品牌約在2,000萬～5,000萬元之間。

　　(三)廣告效益之驗證：1.銷售量、營業額是否比過去平均期間內，上升或成長多少百分比；2.品牌知名度、好感度、忠誠度透過委託市調觀察是否有提升；3.GRP達成：媒體代理商會提供電腦數據報表；4.通路商口碑：由業務部門蒐集反應，以及5.消費者口碑：到各門市店、各經銷店、各專櫃、各加盟店等蒐集反應。

三.其他行銷活動的配搭

　　除了在電視播出廣告外，市場上也要有實質的行銷活動搭配造勢，例如：包裝式促銷賣場活動、大型SP抽贈獎活動、代言人行銷、網紅行銷、媒體公關報導、店頭陳列布置活動、產品改良推出、業務人員加強、通路商獎勵活動，以及其他必要行銷活動（如價格戰）。

品牌廠商處理電視廣告作業流程

10步驟

1. 廠商有廣告製拍行銷需求並與廣告代理商聯絡。

2. 廣告代理商赴廠商處聽取需求簡報。

3. 廣告代理商了解需求後,回公司討論及分工後,即準備對廠商客戶的廣告企劃提案。

4. 準備完成後,即到廠商客戶處簡報、討論及修改簡報內容、策略、腳本、分鏡畫面、代言人選擇;如有必要聘請導演,導演也要出席。

5. 經修改後,第二次廣告創意提案,討論並定案腳本、畫面、代言人,討論TVCF製拍費用(每支平均約250萬元)及代言人費用(約100萬~1,000萬元之間)。

6. 導演展開拍攝,約需2週~1個月A拷帶TVCF完成。

7. 廣告代理商攜帶A拷帶,到廠商客戶處播放及討論修改處。

8. 導演經修改後,B拷帶完成,給客戶看過確定OK完成。

9. 準備依媒體代理商所提電視廣告播出時間表上檔播出。

10. 播出1週後馬上由廠商客戶與廣告代理商及媒體代理商展開效益評估。(含GRP達成度、品牌知名度、潛在促購度、廣告好感度、品牌形象度、產品認知度等)

Unit 9-7
廣告傳播集團、廣告公司、媒體代理商服務內容

一.世界九大廣告傳播集團

1.奧姆尼康（美國）（Omnicom）（BBDO廣告、浩騰媒體、奇宏媒體）

2.Interpublic（美國）（萬博宣偉、麥肯環球、靈獅、FCB博達大橋）

3.WPP（英國）（奧美、智威湯遜、傳立、媒體庫）

4.陽獅（法國）（陽獅、李奧貝納、實力、星傳）

5.日本電通（台灣電通、電通國華、貝立德、凱絡）

6.哈瓦斯（法國）

7.博報堂（日本）（臺灣聯廣）

8.Cordiant

9.旭通（日本）

二.國內主要的廣告代理商

1.李奧貝納	7.雪芃	13.其他廣告公司
2.奧美	8.黃禾	
3.聯廣	9.電通國華	
4.台灣電通	10.博報堂	
5.智威湯遜	11.陽獅	
6.我是大衛	12.上奇	

三.聯廣廣告公司的服務項目

(一)廣告

・傳播策略與計畫行銷策略

・市場資訊提供與相關因應策略

・創意發想與執行

・委外媒體製作及活動執行

(二)數位行銷

・展示型廣告

・口碑行銷

・關鍵字廣告

・資料庫行銷

・行為定向報告

・病毒行銷

・搜尋引擎優化

- ‧影片行銷
- ‧分眾社群行銷
- ‧整合活動行銷

(三)公關
- ‧行銷公關
- ‧媒體關係發展與建立
- ‧企業公關
- ‧教育與訓練
- ‧危機管理
- ‧研究與調查
- ‧公共事務與議題管理
- ‧公關活動企劃與執行

(四)市調
- ‧商品研究
- ‧傳播效果調查
- ‧綜合性專案研究
- ‧消費行為研究
- ‧通路／廠商產業調查
- ‧社會大眾意見調查

(五)活動行銷
- ‧整合行銷活動
- ‧道具設計
- ‧商業空間設計
- ‧禮贈品派樣
- ‧行動展場
- ‧平面設計
- ‧專櫃設計

(六)社會文藝公益
- ‧社會文藝公益事業之推薦、策劃、執行及贊助

四.電通國華廣告公司：服務項目
1.整合品牌管理（Integrated Brand Management）
2.跨媒體領域（Cross Media Area）
3.創意領域（Creative Area）
4.吉祥物行銷（Character Marketing）
5.宣傳推廣領域（Promotion Area）
6.活動（Event）
7.數位行銷（Digital Marketing）

廣告代理及媒體代理商的走向

廣告公司及媒體代理商的未來

↓

傾聽廣告主的需求

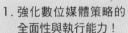

1. 強化數位媒體策略的全面性與執行能力！	2. 延伸多元服務，給客戶更多東西！	3. 廣告創意要叫好又叫座！

・成立數位部門
・成立數位公司
・與外面數位公司合作

・活動行銷
・通路行銷
・直效行銷
・代言人行銷
・促動行銷
・公仔行銷
・娛樂行銷

・打造品牌力！
・提升業績！

| 廣告代理商 |
| 媒體代理商 |
| 公關代理商 |

➡ 都想成為：
全行銷傳播策略的領導者！

績效行銷導向（Performance-Marketing）

| 所有的 8 |
| 行銷活動 |
| 媒體廣告活動 |
| 公關活動 |

➡ 最終重視的：
仍是績效行銷！
（Performance-Marketing）

⬇

・業績要達成！
・業績要成長！
・品牌力要提升！

Unit 9-8
廣告公司接案流程以及廣告公司與廠商溝通重點

一.廠商（廣告主）要跟廣告公司傳達溝通的5個重點，廠商應先想清楚：

1.此次廣告的目的或目標是什麼？

2.此次廠商的行銷策略重點是什麼？

3.此次廠商希望對消費者傳播溝通的訴求點及重點方向又是什麼？

4.此次廣告行銷預算大概是多少？

5.希望達成的效益是什麼？

二.廣告拍攝成本與時間

(一)廣告TVCF每支製作成本

標準一般的200萬～300萬元（平均250萬元）

出國拍攝的、頂級的500萬～1,000萬元

(二)製作時間

正常：大約1個月完成

國外拍攝：1.5個月時間完成

三. TVC（TVCF）材料長度

1.一般：20秒及30秒居多

2.特殊：10秒及60秒居少

電視廣告片是每10秒計價的，秒數愈長，每播一次的花費成本就愈高。

四.廣告公司提案的流程

1.聽取廣告主（廠商）的需求

2.廣告公司內部開會討論（創意部、業務部、行銷部）

3.創意部提出創意腳本、創意策略、製作費用以及是否需要代言人等

4.向廠商簡報創意內容報告，並做討論及修正

5.最後由長官、老闆定案

五. 公司內部聽取廣告公司提案簡報及觀看廣告片帶子之部門公司

廣告公司簡報，出席單位有：

1.行銷部　　　　　　　　4.商品開發部

2.業務部　　　　　　　　5.老闆（決策主管）

3.企劃部

能夠促進銷售的，才是好廣告！

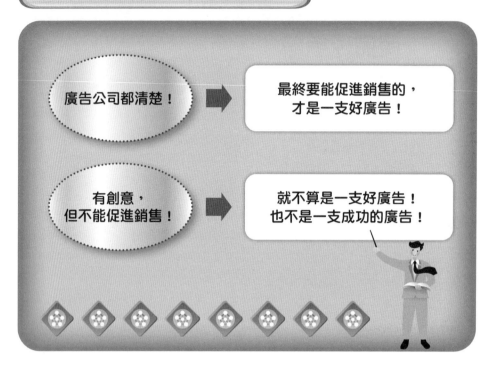

廣告公司與廠商密切合作

170

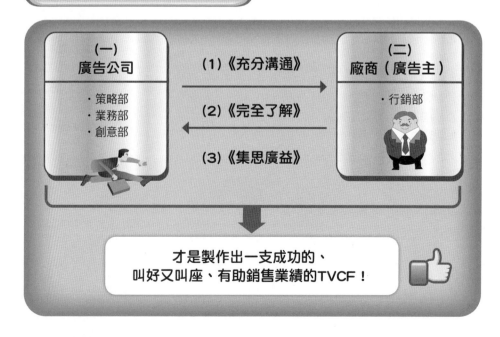

Unit 9-9
廣告人創意特質五條件、五項功課，電視廣告製作專業術語及網路廣告項目

一.具備創意特質五項條件

1.好奇心：

對任何事情或人感興趣，有強烈的好奇心，喜歡探究，如此才能有新發現。

2.膽識：

願意去挑戰，突破傳統，勇於嘗新，從不斷嘗試中，激發更多不同的創意。

3.行動力：

光有創造力仍不夠，你必須有能力實現這個創意，轉化成具體的作品。作品才是最終的評斷。

4.熱情：

必須對創作抱持熱情。特別是在廣告業，工作時間長、壓力大，如果沒有熱情，很難做得久。

5.信心：

相信自己是有創造力的人，當你對自己的能力有足夠的信心，才能完全發揮潛力。如果不相信自己有創造力，就不會有創造力。

二.培養廣告創造力的五項功課

1.培養多方面的興趣：

盡量接觸與認識不同的領域，看待事物的角度才會多元，不會過於侷限。

2.好奇心：

不要害怕問笨問題，許多偉大的發明都是從笨問題開始。

3.學習心：

要有強烈的求知慾，不斷學習新的事物，多看好看的作品，對於什麼是好的創意，自然會有不一樣的想法。

4.認真生活：

充實自己的生活，多接觸人文藝術領域，旅行是非常好的人生體驗，到不同的地方去看看。陌生的環境可以帶給你很好的刺激，讓一個人的想法更豐富。

5.多交朋友：

認識不同文化背景的益友，也是拓展生活經驗的一種方法，多與自己專業領域外的人交流。

三.網路廣告5大項目占比

圖解行銷學

項目		占比
1	網路廣告	30%
2	關鍵字廣告	20%
3	影音廣告	20%
4	社群口碑廣告	20%
5	行動廣告	10%

1.網站廣告（Website ads）：
　指所有在網站媒體上已曝光CPM計價或點擊CPC計價之各種形式包含圖像廣告（Banner ads）、文字連結（Text-link）廣告、多媒體（Multimedia）、電郵廣告（E-Mail／EDM），或是專區贊助等頻道廣告均包括在內。

2.影音廣告（Video ads）：
　所有影音形式的廣告。

3.關鍵字廣告（Serach ads）：
　包含付費搜尋行銷廣告（Paid Search）及內容相關廣告（Content Match）等以點擊（Click）次數為計費基礎的廣告形式。

4.社群口碑行銷（Social／Buzz Matketing）：
　包含官方部落格經營、部落格行銷、論壇行銷、社群網站行銷及Facebook及IG粉絲頁經營之各種模式。

5.行動廣告（Moblie ads）：
　包含行動網頁廣告（Moblie web ads）以及應用程式內廣告（In app ads）以及搜尋引擎（Moblie Search）。

具備創意特質5條件

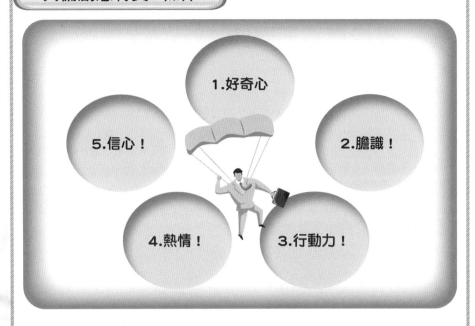

1.好奇心

2.膽識！

3.行動力！

4.熱情！

5.信心！

電視廣告製作：常見專業術語

1.分鏡腳本Shooting Board

2.試鏡Casting

3.模型製作Mock-up

4.剪輯Editing

5.內景Studio

6.外景Location

7.配音Post-Dub

8.配音員Voice Over Talent

9.字幕Super/Subtitle

10.音效Sound Effect

11.毛片Rough Cut

12.完成帶B Copy

13.母帶Master Tape

14.音樂母帶DAT

15.播出帶Betacam

16.道具Props

Unit **9-10**
廣告提案三部曲

一.廣告提案三部曲

第一部曲：市場分析與廣告策略

1.本行業的角色與功能為何？2.本產品的特性如何？3.消費者的需求是什麼？要如何滿足？4.本品牌是什麼？定位在哪裡？定位的獨特性？5.我們聽見了（來自各經銷商、各門市店、各加盟店、各消費群、各會員顧客的深度訪談）6.各競爭品牌傳播訴求比較7.檢視本品牌：SWOT分析，優劣分析為何？8.對競爭對手的觀察分析？9.廣告目標在哪裡？10.策略思考點是什麼？11.廣告主張與廣告策略是什麼？12.消費者心理洞悉？13.品牌主張是什麼？14.創意提案與廣告如何表現？15.其他項目說明。

第二部曲：廣告CF創意表現與腳本說明

1.分鏡腳本（含文字腳本）2.幾支？篇名為何？秒數多少？3.檢視廣告創意的重點何在？

第三部曲：媒體企劃與媒體購買，END與Q&A（請廣告提意見及討論）

1.此次預算將配置在哪些媒體上面？百分比各占多少？2.電視媒體將配置在哪些頻道？哪些節目？哪些時段？3.報紙媒體將配置在哪些報紙？哪些版面？哪些大小篇幅？（全二十、全十、半、刊頭……）4.雜誌、廣播、網路的配置又如何？5.戶外看板（公車廣告、捷運廣告、包牆廣告……）配置又如何？6.PR公關活動要舉辦哪些活動？有幾場？預估金額多少？7.此次預算的時機表將從何時開始？哪些期間是重點轟炸期？高峰期與平常期各配置多少百分比？8.此次預算的託播cue表（時程明細表）及刊出明細表為何？

二.廣告設計的七大元素

1.主角人物（代言人）
2.拍攝場地與畫面
3.30秒劇情及話語
4.Slogan（廣告金句）
5.配樂
6.產品外觀
7.字幕

三.電視廣告企劃與製作的三個相關單位

(一)廣告主：行銷部、品牌部
(二)廣告公司：負責廣告創意及腳本
(三)製拍公司：傳播公司、工作室、負責實際拍攝、導演。

廣告創意與廣告效果要兼顧

（一）
廣告創意突出

＋

（二）
叫好又叫座

能夠幫助品牌力與銷售的！

才是好廣告！

廣告播出量：足夠就好，不是愈多愈好！

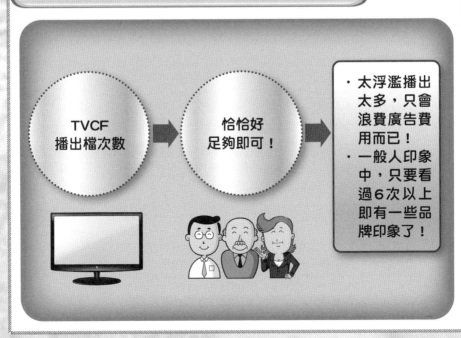

TVCF
播出檔次數

恰恰好
足夠即可！

・太浮濫播出太多，只會浪費廣告費用而已！
・一般人印象中，只要看過6次以上即有一些品牌印象了！

Unit 9-11
廣告的任務與成功的藝人代言人廣告

一.廣告任務（目標）是什麼？

1.新商品上市或新品牌上市，需要做廣告；2.既有產品改善後或重定位後，需要做廣告；3.做企業形象廣告；4.做促銷活動宣傳；5.提高市占率；6.活化品牌、使品牌年輕化、不至於老化；7.打造品牌，提升知名度；8.具reminding效果（提醒消費者）；9.最終當然要提振業績。

二.電視廣告：請知名藝人代言，效果確實會好一些！

```
TVCF製作  →  找形象良好且知名藝人
              或KOL大網紅代言！  →  效果確實會
                                    好一些！
```

三.藝人代言廣告的優點

1.比較吸睛！（吸引人注目）；2.短期內，可拉高知名度！；3.情感的投射，對該產品比較會產生好感！Brand UP！Sales UP！

一旦品牌知名度拉升，情感投射出好感度，就可打造出品牌力、促進業績銷售！

四.廣告代言人：數據效益分析

成本：

‧浪琴錶：請林志玲代言，每年代言費1,000萬元，加上廣告刊播費3,000萬元，合計每年支出4,000萬元。

效益：

‧營收增加：從每年賣10億元，增加2成，到12億元。

‧毛利額增加：營收增加2億元，乘上40%毛利率，得到8,000萬元毛利額增加。

‧淨利增加：所以，8,000萬元毛利額增加，再減掉4,000萬元代言費及廣告費，故還增加獲利4,000萬元！故當然值得！

五.廣告：數據效益分析

成本：

代言人廣告、年度廣告費用。

效益：

營收額增加、毛利額增加、毛利額減去總成本後，淨利增加。

藝人代言廣告：成功案例，拉升業績

品　　牌	代言人
City Café	桂綸鎂
黑人牙膏	張鈞甯
得意的一天（橄欖油）	隋棠
桂格養氣人參	謝震武
桂格燕麥片	吳念真
長榮航空	金城武
美國Crest牙膏	蔡依林
Adidas	楊丞琳
佳麗寶化妝品	江蕙
象印	陳美鳳
OSIM天王椅	劉德華
宏嘉騰機車	周杰倫
台啤	蔡依林
御茶園	林志玲

電視廣告片（TVC）的製作價碼

等　　級	製作費用	備　　註
較低等級	100萬元以內	委託電視臺拍攝
一般等級	200萬～300萬（平均250萬）	─
極高水平	500萬元以上	到國外取景 引用國際級巨星藝人 A級導演掌鏡

Unit **9-12**
店頭行銷的崛起

「店頭行銷」（In-Store Marketing）是最近新崛起的一個新興且重要的行銷工作重點。其實，我們過去常說的「通路行銷」（Channel Marketing），與店頭行銷差距也不遠。只是，過去並沒有這樣專業的公司，來從事店頭行銷的活動。

一.店頭行銷的崛起與重要性

近幾年來，我們到量販店或超市購物，會看到供貨廠商或零售店現場銷售環境有了很大的創新及進步。這些都是店頭行銷所引起的改變，其原因如下：

（一）店頭行銷的崛起，與1/3消費者有關：根據多次現場調查顯示，消費者幾近1/3的比例，是到零售現場，看到某些產品的特殊陳列，或特別促銷價格，或附包裝贈品，或試吃活動，或特殊POP廣告招牌等影響，而選擇了該品牌或該產品的採購。此顯示店頭行銷確實與廠商的銷售業績有密切關係。因此，廠商開始重視在店頭內或賣場內做一些行銷活動，以吸引消費者的採購行為。總之，「店頭行銷=銷售業績」這樣的關係，慢慢被廠商們所接受。

（二）店頭行銷的崛起，與大眾媒體式微有關：過去十多年前，新產品在上市之前，或是既有產品，只要每年做一做電視廣告就會有不錯的銷售成績，如今卻大為改變。上電視廣告價格昂貴，使得廠商不得不將廣告預算移一部分到店頭行銷及促銷活動上，反而更有實惠價格與成果。

（三）市場競爭激烈到最後一哩上：過去行銷的競爭是從產品研發開始，後來到通路上架問題，然後到廣告創意及公關媒體上，如今卻延伸到與消費者接近的最後一哩（Last Mile）上。當大家都在做店頭行銷活動及搭配性的促銷活動時，廠商就必須跟進，否則就等著業績落後。

（四）大家均已熟悉產品與品牌的概念：根據研究，忠誠於品牌的顧客大約只有1/3，此乃筆者所創的「3-3-3」理論。即1/3是在賣場上對品牌的忠誠消費者；另外1/3則是對店頭行銷的偏愛者；最後1/3是中立派，就是換來換去的。

總之，整合型店頭行銷已成為當今實戰行銷上必要的一環，廠商也要把握住距離顧客荷包最後的一哩才可以。

二.店頭行銷的工作項目

實務上，常見的店頭（通路）行銷服務公司的工作項目如下：1.假日賣場人力派遣；2.門市巡點布置；3.商品派樣試用體驗；4.市場調查分析；5.街頭活動；6.店內活動；7.解說產品；8.展示活動；9.商品特殊活動；10.通路布置及商品陳列；11.促購傳播力；12.通路活動內容設計；13.體驗行銷活動；14.零售店神祕客訪查；15.零售店滿意度調查；16.產品價格通路市調；17.DM派發；18.賣場試吃試喝活動；19.通路商情研究分析；20.賣場銷售專區規劃、設計與布置執行；21.通路結構與趨勢分析；22.包裝促銷印製設計與生產服務；23.產品包裝設計，以及24.賣場布置設計。

熱鬧的店頭行銷活動

▲阿瘦皮鞋連鎖門市店的店頭行銷海報

▲海倫仙度絲洗髮精在零售賣場的特別陳列，吸引眾人目光

▲可麗舒廚房紙巾在賣場打降價促銷活動

▲Lion獅王牙刷在賣場買2送1的店頭促銷活動

▲食品廠商在大賣場舉辦試吃活動

Unit **9-13**
公關目標與效益評估

　　企業內部公關部門及公關人員，主要對外溝通的對象，其實很多元，包括：1.新聞媒體（電視臺、報社、雜誌社、廣播電臺、網路公司）；2.壓力團體（消基會、產業公會、同業公會）；3.員工公會（大型民營企業的員工公會）；4.經銷商（廠商的通路銷售成員）；5.股東（大眾股東）；6.一般購買者；7.競爭同業業者；8.意見領袖（政經界名嘴、律師、聲望人士等），以及9.主管官署（政府行政主管單位）等。上述公關對象，大部分以外部對象為主軸，內部對象的員工為次要。

一.公關部門的目標

　　企業成立公關部門，主要目標及功能如下：

　　1.達成與各電子媒體、平面媒體、廣播媒體、雜誌媒體及網路媒體的正面、良好互動及充分認識的媒介關係與人際關係目標。

　　2.達成與外部各界專業單位、專業人士及策略聯盟夥伴等良好互動關係目標。

　　3.達成協助營業部門、行銷企劃部門及專業部門之專業活動推動執行與公關業務執行工作目標，其中有可能是以不付費方式的公共報導呈現。

　　4.達成企業可能危機事件之出現，以防微杜漸；以及面對突發性危機事件出現後的快速有效之因應，而使危機事件迅速弭平，降低對公司傷害到最小目標。

　　5.達成宣揚公司整體企業形象，獲得社會大眾、消費者、上下游往來客戶等支持、肯定及讚美之目標。

　　6.達成平日與各界媒體良好的業務往來，並滿足媒體界的資訊需求目標。

　　7.達成內部各部門及各單位員工對公司的強勁向心力、使命感及企業文化建立。

二.公關效益的評估

　　一個有效率的企業都會為各部門訂下目標達成率，行銷企劃及業務部門是銷售業績，然而對公關部門要如何評估其效益呢？

　　首先是量的評估，就是各媒體曝光量及露出則數。再來是質的評估，就是各媒體露出版面大小、版面位置及電視新聞報導置入。

　　以上兩者都要以為公司創造良好品牌形象、企業形象及促銷業績為前提。

三.公關效益評估案例

　　我們以臺灣萊雅的公關效益指標為案例說明如下：

　　1.以「媒體產出量」為主要指標。此外，由於化妝品是個特殊的產業，明星代言不可少，而明星和Logo同時在新聞上露出，則是一個重要指標。

　　2.萊雅公關評估又分為「品牌公關」與「企業公關」。品牌公關由第三方公正單位做評估，蒐集各品牌和競品間的每月媒體曝光量，相互比較做成報告，給品牌負責人參考。

公關的對象

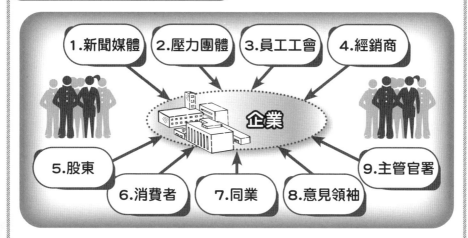

1.新聞媒體　2.壓力團體　3.員工工會　4.經銷商

企業

5.股東

6.消費者　7.同業　8.意見領袖

9.主管官署

公關部門的功能目標

1.達成與各界媒體的良好互動關係目標

2.達成與外界各專業單位的良好互動關係目標

3.達成協助營業、行銷企劃及事業部門的業務執行分工事情

4.達成快速危機事件處理或防微杜漸工作目標

5.達成提升企業形象之工作目標

6.達成滿足平日媒體界資訊需求之目標

7.達成對內員工向心力與企業文化建立之目標

 知識補充站

公共報導

- 所謂公共報導（Publicity），原意係指廠商以非付費方式，透過傳播媒體，公司的若干訊息，展露在媒體的讀者與觀眾之前，而達到行銷的某種效果。
- 不過，就現代的情況來看，所謂非付費方式已漸有所改變，畢竟，天下沒有白吃的午餐。
- 另外，值得一提的是，公共報導是公共關係（Public Relations）的一部分內容。

Unit 9-14

店頭力＋商品力＋品牌力＝綜合行銷能力（PART I）

圖解行銷學

　　行銷致勝要因，除了商品力要比競爭對手更強、更有特色外，店頭行銷力最近1、2年來也受到廣泛重視。很多剛上市的新產品或既有產品放在店頭或大賣場裡，但如何引起消費者的注目、吸引力及促購度，是當前廠商專注的重點。

◎個案一：日本ESTEL化學

　　ESTEL是日本的芳香除臭劑、脫臭劑、除濕劑等生活日用品大公司之一。根據該公司近幾年的研究發現，消費者有目的型或忠誠及品牌購買型的比例很低，幾乎有八成的消費者都是到了店頭或大賣場才決定要買什麼的。而且他們發現來店客很關心哪些產品有舉辦促銷活動。

　　為此，ESTEL在2006年4月專門成立一家SBS公司（Store Business Support；店頭行銷支援）。在SBS裡，配置433個所謂的「店頭行銷小組」人員。ESTEL的產品在日本全國有2萬7千個銷售據點，包括超市、大賣場、藥妝店、藥局及一般零售店等。這433個店頭支援小組人員，奉命先針對營業額較大的2,500店做店頭行銷的支援工作。這些人每天必須巡迴被指定負責的重要店頭據點，日常工作包括：

　　1.在季節交替時，商品類別陳列的改變。

　　2.檢視POP（店頭販促廣告招牌）是否有布置好。

　　3.暢銷商品在架位上是否有缺貨。

　　4.專區陳列方式的觀察與調整。

　　5.配合促銷活動之陳列安排。

　　6.觀察競爭對手的狀況。

　　另外在IT活用方面，這些人員還要隨身攜帶數位相機、行動電話及筆記型電腦，每天透過SBS所開發出來的IT傳送系統，及時地將他們在上百、上千個店頭內所看到的實況，以及拍下的照片與情報狀況，包括自己公司與競爭對手公司的狀況等，都傳回SBS總公司的營業部門參考。

　　過去ESTEL新產品導入，要求在4週內必須在全日本店頭上架，現今有了SBS的協助後，將4週的要求改變為2週內全面上架完成，才能進一步提升廣告宣傳及大型促銷活動三者之間的配合效益。

　　SBS成立一年多來，已看到一些具體成效，包括ESTEL產品營收額成長了3%，對這樣大公司實屬不易，另外，每天提供給營業部人員新的店頭情報分析，也是重要的無形效益。

日本ESTEL化學公司：店頭支援小組6項工作

1.在季節交替時，商品類別陳列的改變！

2.檢視ＰＯＰ（店頭販促廣告招牌）是否有布置好！

6.觀察競爭對手的狀況！

3.暢銷商品在架位上是否有缺失！

5.配合促銷活動之陳列安排！

4.專區陳列方式的觀察與調整！

日本ESTEL公司：成立店頭支援小組

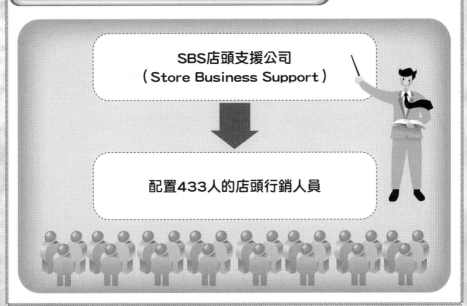

SBS店頭支援公司
（Store Business Support）

配置433人的店頭行銷人員

Unit **9-15**
店頭力＋商品力＋品牌力＝
綜合行銷能力（PART II）

◎個案二：日本花王與獅王公司

　　注重店頭行銷力的公司，像日本花王及獅王，早在3、4年前就成立了專屬的「花王行銷公司」，這些公司除了負責銷售花王母公司的產品之外，亦有專屬的800人負責店頭行銷支援行動，他們被稱為「KMS部隊」（Kao Merchandising Service；花王商品化服務），他們與營業人員兩者是有區別的。

◎個案三：日本松下

　　日本松下公司也成立400人店頭行銷支援部隊。松下在全國有1萬8千家門市，這400人先以比較重要的5,600店為對象，負責協助這些店面定期舉辦各種event活動，包括把各種新上市家電或數位資訊產品移到店頭外面，並舉辦促銷送贈品、體驗行銷的各種演出與熱鬧活動。目的就是打破靜態的店，而能達到在店頭內外集客的功能。這支400人部隊，被命名為PCM（Panasonic Consumer Marketing；松下消費者行銷小組）。

◎個案四：西武百貨

　　西武百貨公司有樂町館，則用其他方式來輔助賣場的銷售工作。他們在賣場的2樓手扶梯後面成立了一個專區，稱為Beauty Station（美容保養站）。該區塊有2名肌膚診斷專家，免費為消費者做儀器肌膚的診斷，總計有10個皮膚診斷項目，最後會列印出一張結果表給消費者。目前，每天大約有20名消費者接受這種30分鐘免費服務。此種貼心服務，最終目的還是希望女士們可以在2樓選購化妝保養品。

花王：成立花王行銷公司

花王行銷公司

專屬800人的KMS部隊！
（Kao Merchandising Service；
花王商品店頭服務支援小組！）

Panasonic：成立400人PCM部隊

Panasonic行銷公司

專屬400人的PCM部隊！
（Panasonic Consumer Marketing；
松下消費者行銷小組）；
支援全日本1.8萬家門市店工作！

Unit **9-16**
店頭力＋商品力＋品牌力＝綜合行銷能力（PART III）

　　綜合以上作法，有些人或許會稱它是「店頭行銷」、「賣場行銷」或「通路行銷」，一個有效的「整合型店頭行銷」內涵，不管從理論或實務來說，大致應包含下列一整套同步、細緻與創意性的操作，才會對銷售業績有助益：

1.POP（店頭販促物）設計是否具有目光吸引力？

2.是否能爭得在賣場的黃金排面？

3.是否能專門設計一個獨立的陳列專區？

4.是否能配合贈品或促銷活動（例如：包裝附贈品、買1送1、買大送小等等）？

5.是否能配合大型抽獎促銷活動？

6.是否有現場event（事件）行銷活動的舉辦？

7.是否陳列整齊？

8.是否隨時補貨，無缺貨現象？

9.新產品是否舉辦試吃、試喝活動？

10.是否配合大賣場定期的週年慶或主題式促銷活動？

11.是否與大賣場獨家合作行銷活動或折扣回饋活動？

12.店頭銷售人員整體水準是否提升？

　　由各家企業的積極態度可以發現，店頭力時代已經來臨。長期以來，行銷企劃人員都知道行銷致勝戰力的主要核心在「商品力」及「品牌力」。但在市場景氣低迷，消費者心態保守，以及供過於求的激烈廝殺的行銷環境之下，廠商想要行銷致勝或保持業績成長，勝利方程式將是：店頭力＋商品力＋品牌力＝綜合行銷能力。

綜合行銷能力的3大組成

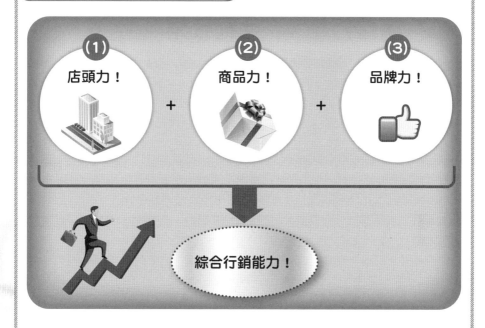

(1) 店頭力！　+　**(2)** 商品力！　+　**(3)** 品牌力！

綜合行銷能力！

整合型店頭行銷之要點

1. POP（店頭販促物）是否具有目光吸引力！

2. 是否能爭取在賣場的黃金排位及陳列專區！

3. 是否搭配促銷活動！（買一送一、第二件五折）

4. 是否陳列整齊，是否無缺貨，是否有試吃、賣場活動。

5. 是否有現場EVENT活動。

6. 是否與賣場舉辦節慶或主題式販促活動。

187

Unit **9-17**
事件行銷 vs. 活動行銷

這幾年我們常常會聽到跨年晚會、臺北101煙火秀、苗栗桐花季等活動之舉辦，是否會去思考為什麼主辦單位要舉辦這些免費活動讓人參加？這正是本單元要探討的事件行銷。

一.什麼是事件行銷

事件行銷是指廠商或企業透過某種類型的室內或室外活動之舉辦，以吸引消費者參加，然後達到廠商所要的目的。此種行銷，即稱為事件行銷（Event Marketing）或活動行銷（Activity Marketing），有時也被稱為公關活動（PR）。

基本上，事件行銷有5種類型：運動型、音樂型、公益型、文化型，以及慈善型。但實務上，還衍生其他政治性、宗教性類型，值得我們加以注意並運用。

國內最著名的案例有臺北101煙火秀、跨年晚會、舒跑杯國際路跑、微風廣場VIP封館、苗栗桐花季、江蕙演唱會、名牌走秀活動、臺灣啤酒節、臺北牛肉麵節、臺北花博會、臺北咖啡節、臺北購物節、桃園石門旅遊節、中秋晚會、會員活動等。

二.活動企劃案之撰寫

實務上，事件行銷活動企劃案撰寫有其一定事項，茲將大綱列示如下：1.活動名稱及Slogan；2.活動目的及目標；3.活動日期及時間；4.活動地點；5.活動對象；6.活動內容及設計；7.活動節目流程（Run-Down）；8.活動主持人；9.活動現場布置示意圖；10.活動來賓、貴賓邀請名單；11.活動宣傳（含記者會、媒體廣宣、公關報導）；12.活動主辦、協辦、贊助單位；13.活動預算概估（主持人費、藝人費、名模費、現場布置費、餐飲費、贈品費、抽獎品費、廣宣費、製作物費、錄影費、雜費等）；14.活動小組分工組織表；15.活動專屬網站；16.活動時程表（Schedule）；17.活動備案計畫；18.活動保全計畫；19.活動交通計畫；20.活動製作物、吉祥物展示；21.活動錄影、照相；22.活動效益分析；23.活動整體架構圖示，以及24.活動後檢討報告（結案報告）。

三.事件活動行銷成功七要點

事件活動不是促銷活動，所以要如何不著痕跡的行銷，才能成功的傳達企業想要傳遞的訊息呢？以下七要點提供參考：1.活動內容及設計要能吸引人，例如：知名藝人出現、活動本身有趣、好玩、有意義；2.要有免費贈品或抽大獎活動；3.活動要編列廣宣費，有適度的媒體宣傳及報導；4.活動地點的合適性及交通便利性；5.主持人主持功力高、親和力強；6.大型活動事先要彩排演練一次或二次，以做最好的演出，以及7.戶外活動應注意季節性，避免陰雨天。

事件行銷分類

種　類	主要項目內容
1.銷售性事件	新產品展售會、義賣會、農產品銷售會、換季商品大特賣、新車發表會、拍賣會等
2.公益性事件	慈善晚會、淨山活動、動物認養活動、環保活動、反對家暴活動、青少年戒毒活動等
3.大眾媒體事件	拿破崙文物展、大眾媒體主辦各種活動、三星堆傳奇等
4.銷售通路事件	經銷商會議、新產品說明會、商品陳列競賽、愛之船郵輪歡樂遊等
5.政治性事件	二二八紀念活動、二林紀念活動、政治性遊行活動、各種選舉活動、募款餐會等
6.文化性事件	原住民文物展、臺北中華美食展、元宵燈會、阿美族豐年祭、秦朝兵馬俑展等
7.體育性事件	臺灣區運動大會、鴻禧高爾夫球邀請賽、賽車活動、各種奧運會、威廉瓊斯盃籃球賽等
8.娛樂性事件	影歌星演唱會／簽名會、金鐘獎晚會、金馬獎晚會、園遊會等
9.宗教性事件	法鼓山祈福大會、佛光山祈福大會、北港媽祖廟會、慈濟救濟募款活動等
10.一般性事件	企業週年慶、國慶閱兵典禮、民間婚喪喜慶、俱樂部聯誼會等
11.會議性事件	全球電腦產品展、G8高峰會議、APEC會議、WTO會議、各產業全球年會等

活動/事件行銷的類型

1.銷售型事件活動
- 展售會
- 聯合特賣會
- 封館之夜
- 換季拍賣
- 貿易展銷會

2.贊助型事件活動
- 藝文活動贊助
- 運動贊助
- 宗教贊助
- 勸募贊助
- 文物展贊助

3.公益型事件活動
- 路跑杯
- 馬拉松
- 慈善拍賣會
- 清寒學生獎學金
- 環保活動

4.會員經營事件活動
- VIP會員活動
- 講座活動

5.娛樂型事件活動
- 演唱會
- 簽唱會
- 園遊會
- 走秀、時尚秀

Unit **9-18**
代言人的工作與行銷目的

　　「代言人行銷」已成為當今行銷活動與行銷策略中重要的一環。代言人行銷若做成功，常會使一個品牌知名度提升不小，也會使業績上升不少，因此，企業經營者及行銷人員，應該要重視代言人行銷的正確操作，以及是否有必要做代言人操作。

一.代言人行銷的目的

　　代言人行銷操作的目的，大致有幾項：1.希望在較短時間內，提高新產品上市的品牌知名度、記憶度及喜愛度；2.希望在較長期的時間內，透過不同的代言人出現，能夠確保顧客群對既有品牌的較高忠誠度及再購度，以及3.最終目的是希望代言人行銷有助整體業績的提升，並盡快把產品銷售出去。

　　目前國內知名代言人依其演藝類別或身分可歸納為7類，包括：1.名模：林志玲、隋棠等；2.歌手：楊丞琳、費玉清、江蕙、周杰倫、張惠妹、王力宏、羅志祥、梁靜茹、蔡依林等；3.演員：張鈞甯、白冰冰、林依晨、桂綸鎂、小S、楊丞琳、莫文蔚、劉嘉玲、金城武等；4.運動明星：王建民、戴資穎、郭婞淳；5.名媛：孫芸芸等；6.導演：吳念真、張艾嘉等，以及7.主持人：吳宗憲、胡瓜、曾國城、謝震武、陶晶瑩等。

二.代言人的工作內容

　　公司花大錢（幾百萬至上千萬）聘請年度代言人，主要進行下列工作事項：1.拍攝電視廣告片（CF）：大約1支～3支不等；2.拍攝平面媒體（報紙、雜誌、DM）廣告稿使用的照片：大約1組～多組；3.配合參加新產品上市記者會活動；4.配合參加公關活動，例如：一日店長、社會公益活動、戶外活動、館內活動及賣場活動等；5.配合網路行銷活動，例如：FB、IG、YT及部落格等，以及6.配合走秀或出唱片活動與其他特別約定的重要工作事項，而必須出席。

小博士解說

自己創造代言人？

名人代言費相當可觀，以2006年臺灣第一名模林志玲的代言費至少7～8位數新臺幣來看，這可不是一般企業能負擔的。因此現在很多企業都有自己創造代言人的本事，例如：LG在臺灣的韓國總經理，以極破的中文配合誠懇、堅定的態度，代言一系列產品；還有賣義大利鍋類產品的「菲姊」，也是由老闆娘的角色走上電視螢幕代言自家產品。在思考「人物、形象、產品」哪個重要時，可以先想想：如果「如花」都可以成功代言產品，是不是應該先思考「話題」的重要性？

A咖代言人代言出席活動價碼不低

主攻類別	(1)廣告	(2)出席活動	代表人物
藝人、歌手	800～1,000萬元	30萬元以上	蔡依林、桂綸鎂等
影星	250～800萬元	30～50萬元以上	謝震武、隋棠、楊丞琳、張鈞甯、楊謹華、小S、陶晶瑩、林依晨、黃子佼……
偶像劇演員	300～600萬元	15～30萬元以上	
主持人	250～350萬元	20萬元以上	
名模	150～250萬元	15萬元以上	
超級天王天后	周杰倫、林志玲、劉德華、甄子丹、王力宏、金城武等均超過1,000萬元新臺幣或兩岸1,000萬人民幣的代言費用（1,000萬以上）		

各種產品的代言人

▲SK-II代言人：港星劉嘉玲

▲浪琴錶代言人：林志玲

▲美粒果果汁飲料代言人：陶子（陶晶瑩）

▲BIG TRAIN牛仔褲代言人：小豬（羅志祥）

▲桂格健康食品代言人：白冰冰

▲海倫仙度絲代言人：甄子丹

▲爽健美茶飲料代言人：戴佩妮、侯佩岑、張鈞甯

▲桂格養氣人蔘飲品代言人：謝震武

▲知名偶像代言人：仔仔（周渝民）、阮經天、趙又廷

Unit **9-19**
代言人選擇要件與效益評估

　　代言人要花不少錢，因此，如何適當的挑選代言人，以發揮代言人應有的效益，是非常重要的事。

一.代言人選擇的要件

　　對於選擇適當代言人的要件，有以下幾點應注意：

　　(一)代言人個人的特質及屬性，應該與該產品的屬性相一致、相契合：例如：廖峻與維骨力；白冰冰與健康食品；林志玲與華航；劉嘉玲、莫文蔚及大S與SK-II化妝保養品；孫芸芸與日立家電的生活美學；張惠妹與台啤；隋棠與阿瘦皮鞋週年慶；羅志祥與屈臣氏寵i會員卡；王力宏與SONY手機，以及桂綸鎂與統一超商的City Café等。

　　(二)代言人個人應該具備單純的工作及生活背景：切不能過於複雜、緋聞頻傳、婚變頻生、私生活不夠檢點，經常鬧出八卦新聞等；換言之，代言人應該保持正面及健康的個人形象。

　　(三)代言人最好能喜愛、使用過且深入了解這個產品，這是最理想的：代言人不能與這個產品格格不入。如果是新產品上市，則更應花點時間，深入了解這個產品的由來及特性。

　　(四)代言人不能耍大牌：代言人必須友善的、準時的、準確的、快樂的、積極的，配合公司相關行銷活動上的各種合理要求及通告。

　　(五)代言人不能搶走產品本身的風采：不能使消費者記住代言人，卻忘了代言什麼產品，如此一來，兩者的連結性相對變弱，這就是失敗的操作了。

二.代言人的效益評估

　　到年中或年終，公司當然要對年度代言人進行效益評估。評估主要針對二大項：

　　第一是代言人本人的表現及配合度是否達到理想。

　　第二是公司推出所有相關代言人行銷的策略及計畫，是否達到了原先設定的要求目標或預計目標。這些目標，包括：

　　1.品牌知名度、喜愛度、指名度、忠誠度、購買度等是否提升。

　　2.公司整體業績是否比沒有代言人時，更加提升？

　　3.公司市占率是否提升？

　　4.對通路商推展業務是否有幫助？

　　5.企業形象是否提升？

　　6.公司品牌地位是否守住或提升？

　　以上目標效益的評估，乃是對公司行銷企劃部門及業務部門所做的評估。檢視行企部門在操作代言人行銷活動，整體是否有顯著的效益產生。並且還要做「成本與效益」分析，評估花錢找代言人的支出，以及所得到的效益，兩者之間是否值得。

代言人選擇5大要件

1. 代言人特質與產品屬性相一致

2. 高知名度、具親和力

3. 形象良好、有好口碑

4. 積極配合公司需求

5. 代言人風采不能掩蓋產品

最適當、最佳代言人

代言人效益評估要點

1. 對業績提升是否有助益？

2. 對品牌知名度、喜愛度是否提升？

3. 對通路商拓展業務是否有助益？

4. 對企業形象是否有助益？

Unit 9-20
藝人代言人的好處、原則及效益評估

一、藝人代言人的四大好處

1. 吸引消費者注目。
2. 較快速打品牌知名度。
3. 可以維繫品牌地位。
4. 間接促進銷售業績。

二、藝人代言人效益評估二大指標

1. 業績是否提升。
2. 品牌資產（品牌力）是否提升。
   品牌資產包括：品牌知名度、好感度、信賴度、忠誠度等。

三、年度代言人簽訂代言合約內容

1. 代言期間。
2. 代言總費用及支付款項之方式與時間。
3. 要求代言人這一年內應配合事項。
4. 要求電視廣告片可使用哪些地方、哪些期限。
5. 要求代言人不可做哪些事，禁止條款。
6. 要求解約條款。
7. 續約的狀況約定。

小博士解說

品牌力（品牌資產）的七大意涵指標

1. 品牌知名度。
2. 品牌指名度。
3. 品牌忠誠度。
4. 品牌喜愛度。
5. 品牌信賴度。
6. 品牌情感度。
7. 品牌黏著度。

挑選代言人4大原則

挑選代言人 4大原則

(1) 具高知名度

(2) 形象良好 親和力強

(3) 代言人個人特質與 產品屬性相契合

(4) 具有當時的 話題新聞性

藝人代言人如何決定

(1) 由廣告公司提出1～3個候選代言人名單給我們參考、分析及決定

(2) 或由我們公司自己提出幾個人選，再與廣告公司相互討論、決定

藝人代言人的花費

（一年或一支TVCF花費）

超級A咖(ex:金城武)	1,000萬以上
A⁺咖(ex:蔡依林、桂綸鎂、張鈞甯……)	500萬～1,000萬元
A咖(ex:林依晨、謝震武、陶晶瑩、白冰冰、陳美鳳……)	300萬～600萬元
B咖(ex:名模、二線藝人)	100萬～300萬元

195

知識 補充站

採用素人代言的狀況
- 行銷預算不足，花不起錢請大牌藝人
- 產品特性並不需要藝人加持
- 公司一貫的行銷策略
- 廣告片創意展現是否不需要藝人

Unit **9-21**
成功代言人要件及成本效益評估

一.成功代言人二大要件

　　1. 叫好：有看過、印象深刻、有好感。

　　2. 叫座：能促進銷售業績顯著提升、能提高品牌知名度及指名度。

　　　→就算一年花500～2,000萬也值得。

二.代言人成本效益評估數據

(一)代言成本 ➡	(二)代言收益
假設：	假設：
1. 一年1,000萬元之代言費	1. 業績成長10%：從一年營收30億元成長到
2. 一年廣告費投入5,000萬元	33億元；營收增加3億元
‾‾‾‾‾‾‾‾‾‾‾‾‾‾‾‾‾‾	2. 毛利率30%：毛利額增加3億元×30%＝
小計：6,000萬元	9,000萬元

小結：毛利額增加9,000萬元－代言費1,000萬元－廣告費5,000萬元，最終增加利潤 3,000萬元。
結論：代言人是有正面效益的，因為營業額增加3億元，獲利增加3,000萬元；而且品牌力還上升了。

三.有效果的代言人會持續好幾年

　　1. 浪琴錶：林志玲（6年）。

　　2. 日立家電：孫芸芸（11年）。

　　3. City Café：桂綸鎂（11年）。

　　4. 桂格人蔘雞精：謝震武（7年）。

　　5. SK-II：湯唯（3年）。

　　6. 象印小家電：陳美鳳（3年）。

　　7. HTC手機：五月天（3年）。

　　8. OPPO手機：田馥甄（2年）。

年度代言人行銷工作內容

1. 電視廣告播出（TVCF）

2. 報紙照片及廣告刊登

3. 專業雜誌照片及廣告刊登

4. 代言人記者會及新產品發布會

5. 公車照片廣告

6. 捷運照片廣告

7. 賣場活動（一日店長）

8. 門市店海報、人形立牌、吊牌布置

9. 各種賣場店頭POP廣告

10. 網路廣告、FB／IG粉絲團露出

11. 公關活動及公關報導

12. 記者會、發布會

13. MV廣告及歌曲

14. VIP特別晚會及晚宴

Unit 9-22
近期代言人及廣告藝人紀錄

茲將最近半年來，在看電視廣告播出時，將其產品及藝人（代言人）紀錄彙整如下：

項次	產品	藝人（代言人）	項次	產品	藝人（代言人）
1	精工錶	王力宏	15	挺立	侯佩岑
2	得意的一天橄欖油	隋棠	16	桂格奶粉	林心如
3	白蘭氏燕窩	張鈞甯	17	桂格完膳	白冰冰
4	老協珍	徐若瑄、郭富城	18	娘家滴雞精	白家綺
5	大雅廚具	林志玲	19	白蘭氏雞精	蔡依林
6	專科面膜	楊丞琳	20	萬歲牌堅果	Janet
7	tokuyo按摩椅	蔡依林	21	桂格成長奶粉	隋棠
8	馬玉山穀物	賴雅妍	22	飛柔洗髮精	楊丞琳
9	Crest牙膏	蔡依林	23	富士通冷氣	林心如
10	泰山芥花油	于美人	24	Clear洗髮精	小S
11	御茶園	金城武	25	田原香滴雞精	林志玲
12	維骨力	吳念真	26	國安感冒藥	陳亞蘭
13	富士按摩椅	林依晨、陶晶瑩	27	桂格燕麥片	吳念真
14	象印小家電	陳美鳳	28	資生堂乳霜	桂綸鎂

項次	產品	藝人（代言人）	項次	產品	藝人（代言人）
29	City Café	桂綸鎂	42	一家人益生菌	吳珊儒
30	蘇菲衛生棉	曾之喬	43	Derek衛浴	張鈞甯
31	Chocola BB	曾之喬	44	天地合補官燕窩	林心如
32	白蘭氏送禮	張鈞甯	45	海昌隱形眼鏡	蔡依林
33	三菱冷氣	林依晨	46	日立家電	五月天
34	OSIM按摩椅	劉德華	47	亞培安素	沈春華
35	華陀雞精	陳美鳳	48	媚點彩妝	Selina
36	安怡奶粉	張鈞甯	49	克寧奶粉	Selina
37	柏克金啤酒	周興哲	50	OPPO手機	田馥甄
38	渣打銀行	蔡依林	51	保力達B	吳念真
39	黑人牙膏	張鈞甯	52	海倫仙度絲	賈靜雯
40	亞培	侯佩岑	53	補體素	陳美鳳
41	桂格養氣人參	謝震武	54	Uber Eat	戴姿穎

Unit **9-23**
公關公司的服務項目及國內公關集團

一.精英公關公司的專業服務項目（精英公關為國內第一大公關集團）

　　1.媒體關係

　　2.事件行銷（記者會、週年慶、時尚派對、消費者活動）

　　3.數位行銷（數位活動）

　　4.全方位整合行銷（新品上市）

　　5.通路行銷（店頭活動、經銷商關係、銷售人員訓練）

　　6.運動行銷（賽車公關、贊助洽談）

　　7.企業內部溝通（獎勵大會、教育訓練）

　　8.企業危機管理

　　9.企業社會責任活動

二.精英公關集團服務產業領域

　　(一) 消費產品：食品飲料、服飾、運動用品、居家用品、汽車、鐘錶、銷售、通路。

　　(二) 科技業：科技業、半導體、資訊科技、網路科技、通訊、消費性電子。

　　(三) 金融業：金融業、銀行、保險、基金、私募機構、IPO。

　　(四) 醫療業：醫療業、處方藥、保健食品、醫療器材、公協會。

三.先勢公關公司的服務項目（國內第二大公關集團）

　　(一) 企業公關與組織溝通：企業形象及品牌塑造、企業內、外部溝通、企業公益、慈善活動。

　　(二) 公關活動：展覽會、產品發表會、週年慶、酒會、開幕落成、簽約儀式、研討會、座談會、各類型演唱會、服裝秀、企業贊助、慈善、拍賣會、公益活動、經銷商活動。

　　(三) 品牌行銷公關：行銷傳播策略擬定、市場分析、調查、產品行銷推廣、行銷通路規劃、消費者活動規劃、行銷環境及市場競爭分析。

　　(四) 媒體公關與議題管理／操作：新聞議題策略規劃、媒體溝通管道建立與維持、記者會、媒體參訪、聯誼活動、新聞稿、策劃報導、人物專訪、媒體環境、新聞報導分析、媒體監閱。

全臺最大公關服務集團—精英公關集團

精英公關集團 ➡ 旗下12家公關公司

奧美整合行銷傳播集團服務公司

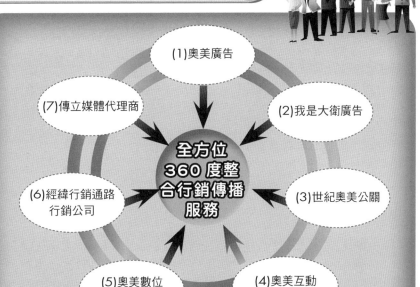

- (1)奧美廣告
- (2)我是大衛廣告
- (3)世紀奧美公關
- (4)奧美互動行銷公司
- (5)奧美數位行銷公司
- (6)經緯行銷通路行銷公司
- (7)傳立媒體代理商

全方位 360 度整合行銷傳播服務

國內第二大公關公司：先勢

- 1.先勢公司
- 2.鈞勢公司
- 3.先勢學苑
- 4.先勢上海
- 5.驊采整合行銷
- 6.先擎公關
- 7.天擎公關

Unit **9-24**
如何選擇公關公司以及如何與媒體維繫良好關係

一.如何選擇優質公關公司配合

1.創意力：在所有元素都差不多時，「Make Different」會更容易獲選。

2.執行力：公關客戶最常需要用到公關公司的地方。

3.預算管理能力：亂花錢是大忌，切忌善用客戶的每分錢。

4.溝通能力：了解公關客戶的文化，用他們的語言溝通。

5.口碑：多聽、多問、多看，凡走過必留下痕跡。

6.細心：好的公關公司能幫客戶注意到更多小事情。

7.配合默契：長期累積、深入了解產業、客戶的文化才能做最好的配合。

8.規模：大的案子或長期的案子，選擇規模大的公關公司，因為有較多的資源；小案子則反之，因為比較靈活。

9.熱誠：有熱誠才能有源源不絕的精力做服務。

10.策略思考能力：無法做策略思考的企業，選擇公關公司時要特別注意公關公司有沒有辦法幫忙作完整的策略思考。

二.公關人員的必備能力

1.撰寫能力；2.與人溝通能力；3.人脈存摺（與各界人士）；4.高EQ、親和力；5.喜愛結交朋友；6.語言能力；7.對產業及公司狀況了解與掌握能力；8.扮演公司或品牌的化妝師；9.跨部門協調能力；10.與媒體關係良好，能做有利正面報導。

三.公關新聞稿撰寫原則

1.人、事、時、地、物寫清楚；2.清楚、簡單、明瞭、易於辨識重點；3.有新意；4.針對不同媒體的性質，不同路線的記者給適宜的新聞內容；5.圖片、圖說不能少。

四.公關公司／公關部門如何維繫與媒體良好的關係

1.定期餐敘；2.逢年過節，送節慶禮品！（中秋節、端午節、春節）；3.主動提供本公司發展訊息內容；4.偶爾上上廣告，給他們一點廣告業績；5.接受媒體專訪需求。

五.媒體敘餐的常見時間點

1.每年年底過年前的尾牙；2.每年年後喝春酒；3.當有新產品上市；4.當有重大訊息需要媒體朋友幫忙曝光的時候。

公關經營人協會（PRA）制定公關價值評估指標

直接產出

1. 訊息精確度
2. 媒體報導立場
3. 訊息顯著度
4. 媒體露出則數
5. 媒體聯繫數量

公眾影響

1. 目標族群態度
2. 目標族群意見
3. 對公關活動的回應

組織績效

1. 達成組織目標
2. 信任組織
3. 顧客終身價值
4. 關係滿意度
5. 關係承諾

公關專業

1. 衝突解決與危機溝通
2. 議題建議能力
3. 策略規劃能力
4. 有效溝通
5. 準時交付

品牌廠商委託公關公司的3大目的

1. 做好品牌的公關任務！

2. 維繫良好企業形象的公關任務！

3. 讓企業與品牌的發展訊息，得到正面、有利的多次露出報導！

從品牌廠商角度看公關可區分為

1. 企業公關

2. 品牌公關

Unit **9-25**
整合行銷傳播概念與定義

圖解行銷學

　　目前學界與實務界對「整合行銷傳播」（Integrated Marketing Communication, IMC）的定義仍是眾說紛紜，許多學者提出他們對整合行銷傳播的看法，不管是主張整合行銷（IM）、整合行銷傳播（IMC），甚至後來的整合傳播（IC）（如Thorson & More, 1996; Drobis, 1997～1998等），某方向與觀念基本上是一致的，只是著重點不同，也因此使其行銷策略的貢獻有所不同。目前僅有的共識是，整合行銷傳播是一個概念，也是一種動態流程（Percy, 1997）。以下針對學者所提出看法整理說明，裨益觀念之釐清。

一.專家對「整合行銷傳播」的理論定義

　　（一）Shimp(2000)：Shimp（2000）指出由行銷組合所組成的行銷傳播，近年來的重要性逐年增加，而行銷就是傳播，傳播也是行銷。近年來公司開始利用行銷傳播的各種形式促銷產品，並獲取財務或非財務上的目標。而此行銷活動的主要形式包含了：廣告、銷售人員、購買點展示、產品包裝、DM、免費贈品、折價券、公關稿以及其他各種傳播戰略。為了比傳統促銷更適切地詮釋公司對消費者所作的行銷努力，Shimp（2000）將傳統行銷組合4P中的促銷（Promotion）概念擴展成「行銷傳播」（Marketing Communication），並指出品牌需要利用整合行銷傳播，以建立顧客共享意義與交換價值。

　　（二）美國4A廣告協會(1989)：目前廣被使用的整合行銷傳播定義是由美國廣告代理業協會（4A）於1989年提出的（Schultz, 1993; Duncan & Caywood, 1993; Percy, 1997）：「整合行銷傳播是一種從事行銷傳播計畫的概念，確認一份完整透澈的傳播計畫有其附加價值存在，這份計畫評估不同的傳播工具在策略思考中所扮演的角色，如一般廣告、互動式廣告、促銷廣告及公共關係，並將之結合，透過協調整合，提供清晰、一致訊息，並發揮正面綜效，獲得最大利益。」

二.國華廣告對「整合行銷傳播」的實務定義

　　國華廣告公司屬於臺灣電通廣告集團旗下的一員。在國華廣告公司網站，介紹該公司服務時，國華廣告公司即強調從整合行銷傳播的觀點與功能，提高對廠商的行銷服務。茲描述國華廣告公司對IMC理念的闡述：

　　「整合行銷溝通」（Integrated Marketing Communication, IMC）是國華協助客戶規劃品牌溝通活動時所力行的行銷準則。在IMC的理念之下，國華的服務涵蓋各種與溝通有關的項目，包括客戶服務、創意、促銷、公關、媒體、CI（企業識別體系）、市場研究等。隨著整體環境朝資訊科技（Information Technology）發展，國華亦將服務觸角擴展至網際網路這個新媒體，以滿足客戶在數位時代的溝通需求。承襲日本電通追求「最優越溝通」（Communications Excellence）的企業理念，國華提供全方位的溝通服務，協助客戶達成品牌管理的任務。

IMC：跨媒體組合操作

1.電視媒體TV	電視廣告 TVCF
2.平面媒體NP、MG、DM	平面廣告 NP、MG、DM
3.網路媒體（Internet）	網路廣告
4.戶外媒體OOH（Out of Home）	戶外廣告（公車、捷運、看板）
5.行動媒體（手機）	手機簡訊廣告、LINE廣告
6.廣播媒體RD	廣播廣告

IMC：跨行銷組合操作

1.記者會／發布會	12.公仔行銷
2.促銷活動、包裝促銷	13.店頭行銷
3.代言人行銷	14.業務人員行銷
4.KOL／KOC網紅行銷	15.DM直效行銷
5.異業合作	16.電話行銷
6.事件行銷（Event）活動	17.EDM行銷
7.通路行銷	18.主題行銷
8.置入行銷	19.會員行銷、會員卡行銷
9.體驗行銷	20.運動行銷
10.旗艦店行銷	21.贊助行銷
11.官網行銷與網路行銷、行動行銷	22.公益行銷
	23.紅利積點行銷

Unit **9-26**
整合行銷傳播操作案例

根據前文我們得知整合行銷傳播是指廠商為行銷某一個新產品上市，或某一個既有產品年度行銷活動而所做的：「最有效的跨媒體及跨行銷活動操作，以達成營收及獲利目標，並提升品牌知名度與鞏固市占率目標。」以下列舉知名成功案例，提供參考。

一.靠得住「純白體驗」360度傳播溝通

靠得住「純白體驗」的360度傳播溝通十二種工具及活動齊發並進如下：1.前導廣告「開始愛上純白體驗」；2.正式主題廣告TVC；3.電影院廣告；4.公司以大學女生走秀丁字褲舉辦活動新產品上市記者會；5.平面廣告廣編特輯；6.樣品發贈；7.店頭賣場啦啦隊熱鬧活動；8.布置賣場販售芳香專區；9.網路行銷四個女生私密日記；10.促銷抽獎活動；11.戶外廣告，以及12.戶外華納威秀廣場啦啦隊展示。

二.克蘭詩化妝品IMC活動

克蘭詩化妝品是如何面對未來持續成長的艱辛挑戰呢？它的戰略如下：

(一)主要行銷傳播目標：1.重新打造品牌形象及品牌知名度；2.挽救日益下滑業績及被撤櫃危機。

(二)整合行銷傳播作法：

1.商品力：切入利基產品，如蘋果光筆及超勻體精華液。

2.代言人策略：找小S及楊丞琳代言。

3.廣播特輯策略：大膽採用八卦及報導式廣告，並結合代言人呈現，吸引出話題性。

4.旗艦店策略：採花園設計的頂級美妍中心，營造天然高尚的氛圍。

5.樣品贈送策略：花費2%占營收預算的免費贈品策略。

6.專櫃人員銷售策略：採取不強迫推銷並加強服務兩點。

(三)五年來重生的成果：1.營收業績顯著成長；2.市占率提升；3.品牌排名提升，以及4.專櫃據點數增加。

三.City Café全方位整合行銷傳播

City Café 360度全方位整合行銷傳播的操作方式：1.代言人行銷：桂綸鎂；2.店頭行銷：人形立牌、燈箱、吊牌、海報；3.電視廣告：TVCF；4.報紙廣告：廣編特輯；5.雜誌廣告；6.戶外廣告：公車、高鐵、捷運、包牆；7.促銷活動：第二杯半價；8.公仔贈品活動：柏靈頓熊等；9.媒體報導與專訪；10.事件行銷活動；11.藝文講座，以及12.網路行銷：專屬網路。

OSIM整合行銷模式架構

1.最高經營者堅定的品牌經營信念

2.品牌力支撐

(1)創新　　　　(2)制度

3.品牌定位與鎖定目標客層

4.行銷組合策略完整配套

(1)產品策略	(2)定價策略	(3)通路策略	(4)整合行銷推展策略	(5)服務策略	(6)顧客關係管理策略
・產品不斷地創新領先 ・每年都有新產品上市 ・產品嚴格品管 ・時尚美學設計	・採高價位策略 ・價格反映出價值	・直營店及百貨公司專櫃 ・營業組織化分為北、中、南三區	・電視廣告、平面廣告、戶外廣告、網路廣告、公關活動、代言人行銷、促銷活動等	・高品質門市店服務 ・客服中心專人服務	・季刊寄給會員 ・會員享有優待價

5.媒體預算占營收額2%，一年計有6,000萬元投入

6.品牌行銷績效展現
・亞洲及臺灣區健康器材第一品牌，市占率最高達50%
・臺灣區年營收額達30億元

7.未來挑戰
品牌更加深化、更加做大，提高顧客忠誠度，產品及行銷不斷創新

City Café：IMC整合行銷模式架構

統一超商City Café專案小組

1.品牌經營信念堅定
・抓住正確時間點，洞察消費者
・不斷改良進步，堅定品牌化經營策略

2.品牌定位成功
・定位在都會咖啡
・定位在平價、便利、優質、現煮咖啡

2.鎖定目標客層成功
・鎖定廣大年輕上班族群

3.品牌行銷4P/1S組合操作成功

(1)Product產品力	(2)Price價格力	(3)Place通貨力	(4)Promotion促銷力	(5)Service服務力
・高品質、風味佳、口味多元化	・40～50元的平價咖啡	・近6,000店鋪非常普及	・360度全方位整合行銷傳播操作手法 ・代言人行銷	・門市店人員教育訓練

4.創造良好口碑與品牌形象優勢

5.創造出良好的行銷績效
・年銷3億杯　・市占率最高　・年營收120億元以上
・第一品牌　　・毛利率40%　・顧客忠誠度高

6.保持持續性的領先競爭優勢
・產品研發持續投入與創新　　・促銷活動持續投入與創新
・通路裝機數量持續投入

drink

Unit **9-27**
整合行銷（IMC）的意義及適用狀況

一.IMC的簡單意義

　　品牌廠商透過多樣化的媒體組合宣傳，以及多樣化的舉辦行銷活動，以期能夠打響廠商推出的新產品、新品牌改良產品，進而能夠達成年度業績目標。

二.IMC推出的時機

　　(一)新產品正式上市時：上市前三個月就要提出討論，一個月前即要定案。
　　(二)大型活動舉辦時：上市前三個月就要提出討論，一個月前即要定案。
　　(三)常態既有產品的年度行銷：每年12月即要提出下一年度IMC討論及定案。

三.IMC由誰來做

　　(一)委外專業公司做：有些外商公司習慣請媒體代理商或廣告公司先提出初案計畫，然後與他們討論後定案。
　　(二)自己公司做：大部分公司還是自己做，主要由行銷企劃部或品牌部來負責。

四.IMC定期檢討

　　(一)媒體檢討：檢討各種媒體廣告花用的效果究竟如何，需要做何調整？
　　(二)活動檢討：檢討各種行銷活動舉辦的效果究竟如何，需要做何調整？
　　(三)品牌檢討：檢討IMC對品牌力和業績力提升效果如何？

五.與競爭對手的IMC比較

　　我們公司花多少錢、花在哪裡？競爭對手又花多少錢、花在哪裡？

360度全方位整合行銷傳播

360度全方位整合行銷傳播

希望更有效率、更有計畫性、更有效能的花掉年度的行銷預算,以達成預定目標。

IMC觀點

IMC觀點 →

- 更有計畫性
- 更有整合性
- 更全方位考慮
- 更全面性考慮
- 更有效益性

→ 執行年度行銷預算 → 提升品牌力、業績力

知識補充站

單一行銷 vs. 整合行銷

單一行銷
- 單一媒體
- 單一活動
- 單一目標

vs.

整合行銷
- 多元媒體
- 跨媒體
- 跨行銷活動
- 多元目標

209

Unit **9-28**
數位媒體廣告支出占比快速成長

一.數位廣告大幅成長原因

　　1. 傳統媒體收視率、閱讀率、收聽率均見下滑衰退。

　　2. 行動手機及桌上電腦點閱率快速上升。

　　3. 媒體效益的轉移,從傳統轉到數位媒體。

二.數位廣告購買的主要去向(占95%)

　　1. Google聯播網

　　2. 關鍵字搜尋(Google、雅虎)。

　　3. 影音廣告(YouTube)。

　　4. 社群媒體廣告(Facebook、IG、痞客邦)。

　　5. 行動廣告(LINE)。

　　6. 新聞網站廣告(ETToday、聯合新聞網)。

　　7. 入口網站(雅虎)。

　　8. 遊戲網站(遊戲基地、巴哈姆特)

　　9. 商業財經網站。

　　10. 其他專業內容網站(遊戲、親子、3C、彩妝保養網站)。

三.數位廣告的主要呈現項目

　　1. 橫幅型呈現廣告(Banner)。

　　2. 影音呈現廣告。

　　3. 社群廣告(Ex:臉書、IG、痞客邦……)。

　　4. 關鍵字搜尋廣告(Google、雅虎)。

　　5. 行動呈現型廣告(Ex:手機廣告)。

媒體廣告支出

傳統廣告下降，數位廣告上升

報紙

雜誌

廣播

（大幅下降）

網路廣告

行動廣告

（大幅上升）

數位廣告項目

網路廣告
（Banner呈現型）
（影音型）

社群廣告
（FB、IG廣告）

關鍵字廣告

行動廣告

網路活動規劃

211

知識
補充站

數位廣告較多行業（產品TA對象屬年輕人的事業）

資訊電腦業

彩妝、保養品業

手機及電信服務業

速食、飲料、食品業

旅遊業

運動品業

Unit **9-29** 新產品上市記者會企劃案之撰寫

新產品要上市了，如何舉辦一個成功的產品上市記者會？這時只要先依以下五大類別擬定企劃案的撰寫，並把握下列原則及進度，就可以輕鬆舉辦一場記者會。

一.主題時間流程之確定

(一)記者會主題名稱：一個能將新品精神傳達清楚及響亮的記者會名稱是首要。

(二)記者會時間：錯開電子媒體與平面媒體的截稿時間，下午 2:30～3:30 都是較理想的時間，記者的出席率也會比較高。

(三)記者會地點：除非議題內容很有吸引力，否則一場記者會，通常會出席的記者大概僅有數十位。故場地不要太大，以免空蕩蕩。如果有邀請電視臺記者，也要有足夠場地空間，便利電視臺記者架腳架拍攝。

(四)記者會進行流程的安排：例如出場方式、代言人出席、來賓講話、影音播放、表演節目安排等。

二.邀請名單及預算的擬定

(一)記者會主持人選：找兩三個熟知新品議題的人，並由其中一人當主持。

(二)記者會邀請來賓：來賓形象也要具有新品的象徵意義，才能有品牌的一致性，當然也包含全省經銷商代表。

(三)記者會邀請媒體記者：於活動三天前發出記者會邀請函，當中詳列出席講者的姓名、職位，及記者招待會的公關內容。

(四)記者會組織分工：企劃組、媒體組、總務招待組、業務組等人員之分工。

(五)記者會預算擬定：包括場地費、餐點費、主持人費、布置費、藝人表演費、禮品費、資料費、錄影費、雜費等。

三.精細的場地布置

(一)場地布置：布置背板、安排講者名牌、指示牌等，並為講者、來賓及記者準備茶水與餐點。亦可為記者安排簡單茶點。

(二)座位安排：安排記者、來賓、全省經銷商代表及本公司出席人員之座位。

(三)準備資料袋：除了新聞稿、紀念品、產品DM外，必須再附上包括記者招待會的程序、講詞、相關的背景資料或相片等。

(四)現場設備：包含錄影及保全人員的安排。

四.現場應對模擬

(一)各級長官講稿準備：除介紹產品外，也須模擬記者可能提出的問題，並且練習應付負面提問。有記者在場，切忌竊竊私語。

(二)活動進行：對於複雜的數據及內容，宜使用輔助工具表述，如PowerPoint。各講者講話不可太長，大約5至10分鐘。多留些時間給記者提問或會後專訪。

五.會後的安排與評估（見右頁）

新品上市記者會企劃案之撰寫要點

1.記者會主題名稱／目標／目的	11.記者會現場座位安排
2.記者會日期與時間	12.現場供應餐點及份數
3.記者會地點	13.各級長官（董事長／總經理）講稿準備
4.記者會主持人建議人選	14.現場錄影準備
5.記者會進行流程表	15.現場保全安排
6.記者會現場布置概示圖	16.記者會組織分工表及現場人員配制表
7.記者會邀請媒體記者清單及人數	17.記者會本公司出席人員清單及人數
8.記者會邀請來賓清單及人數（包含全省經銷商代表）	18.記者會預算表
9.記者會準備資料袋（包括新聞稿、紀念品、產品DM等）	19.記者會後安排媒體專訪
10.記者會代言人出席及介紹	20.記者會後事後檢討報告

會後的安排與評估

(一)會後作業　把新聞稿發給沒有來的記者。輯錄和剪下有關的報導以作存檔，並留意是否有誤解或失實的報導。

(二)事後檢討報告　即效益分析，包含出席記者統計、報導則數統計、成效反應分析，以及優缺點分析等。

Unit 9-30
公益行銷

一.企業社會責任CSR高漲趨勢

CSR：Corporate Social Responsibility
CSR崛起→公益行銷！

二.公益行銷定義

1.以公益為主題。
2.將公司及品牌形象適度帶入參與。
3.展現「取之於社會，用之於社會」的一種行銷活動。
4.公益主題＋行銷活動＝公益行銷

三.公益行銷的效益、好處

1.塑造企業優良形象。
2.打造品牌優良形象。
3.提升對品牌的好感度與認同度。
4.間接有利於銷售業績的穩固。
5.回饋社會、真心做公益。

四.公益行銷的2大類型

1.救濟型：救濟弱勢族群、弱勢家庭、兒童等。
2.贊助活動型：贊助或主辦有體育、健康、藝術、文化教育及環保等活動。

五.公益行銷要適當宣傳

1.透過電視廣告。
2.透過報紙廣告。
3.透過媒體報導。
4.透過官網及網路。

六.各大公司紛紛成立慈善基金會

如：富邦、國泰世華、中國信託、麥當勞、台積電、統一7-11、信義房屋、遠東、TVBS、全聯福利中心。

從CSR到公益行銷

CSR
企業社會責任
Corporate Social Responsibility

公益行銷

公益行銷的好處

1.
可塑造企業
優良形象！

2.
可打造品牌
優良形象！

3.
可提升對品牌
的好感度及
認知度！

4.
間接有助業績
的提升！

Unit **9-31**
展覽行銷

一.展場行銷日益重要

外貿協會主辦：

1.各項對國內消費者的展覽會。

2.聚集大量人潮，現場可以下單訂購。

3.成為廠商一年一度重要的銷售場所。

二.對廠商：重要的幾個展覽會

1.國際旅展。　　　　　　　5.國際書展。

2.汽車展。　　　　　　　　6.連鎖加盟展。

3.資訊電腦展。　　　　　　7.數位3C展。

4.線上遊戲展。　　　　　　8.珠寶／婚紗展。

三.參加展覽，對廠商的好處

1.品牌形象露出。　　　　　4.展示新產品。

2.銷售業績成交。　　　　　5.呈現市場領導品牌氣勢。

3.企業形象強化。

四.重要訂單業績來源管道

例如：國際旅展

1.國外旅遊行程下單。

2.國內旅遊住宿飯店下單。

3.五星級大飯店餐卷下單。

五.展覽會對消費者的意義

1.可以撿到便宜貨。（有優惠促銷價）

2.可以看到新產品、新款型上市。

3.滿足體驗行銷的五官感受。

六.參加展覽會的成本概估

1.租攤位成本。　　　　　　3.人力投入成本。

2.現場布置／裝潢成本。　　4.活動成本：模特兒、Show Girl、主持人。

總支出成本：大規模：1,000萬成本，例如：車展、秀展；中規模：100萬～500萬成本；小規模：50萬～100萬成本。

大型廠商參展效益4大回收

1.銷售業績 有形效益

4.市場領導地位 展現無形效益 ➡️ **效益回收** ⬅️ **2.品牌展現** 無形效益

3.公關宣傳與報導的 廣告無形效益

大型參展的事前準備工作（例如：車展）

1.最新款型轎車準備！

2.宣傳DM準備！影音播放及手提袋準備！

3.現場設計、布置、裝潢、音響、舞臺準備！

4.模特兒經紀公司Show Girl洽談準備！

5.現場接待人員及業務銷售人員準備！

6.記者招待、新聞稿發布準備！

廠商參展主辦部門

| 管理部（總務部） | 行銷部 | 業務部 | 公關部 |

4個部門為主

Unit **9-32**
旗艦店行銷

一.旗艦店／概念店行銷

旗艦店是品牌力量與氣勢的展現。

二.旗艦店行銷的五大優點、好處

1.象徵品牌的氣勢與力量。

2.象徵品牌在市場上的領先地位。

3.以完整產品線，提供給顧客。

4.店內有VIP專用房間，提供頂尖服務。

5.有效的經營VIP頂端會員。

三.對名牌精品旗艦店的五大要求

1.坪數空間：盡可能的大（大坪數）。

2.裝潢：盡可能的豪華、奢華。

3.設計：盡可能與眾不同，令人眼睛為之一亮。

4.店員素質：盡可能挑選俊男美女，以及高素質人員。

5.服務等級：盡可能達到頂級水準。

四.旗艦店的開幕宣傳

1.舉辦記者會。

2.邀請知名藝人、貴賓、嘉賓等共同出席剪綵。

3.邀請各媒體各線記者出席兼報導刊載。

4.當日邀請VIP顧客特惠價下單購買。

五.旗艦店耗資，可能都在1,000萬以上

1.設計費。　　　　　　　　3.打造費。

2.裝潢費。　　　　　　　　4.招牌費。

六.對名牌精品旗艦店銷售人員的要求

1.具備優良的產品專業知識。

2.具備對公司發展的了解。

3.具備優良的銷售技巧。

4.具備完善的服務態度與禮儀。

5.讓顧客享有榮耀感。

旗艦店行銷5大優點

1. 象徵品牌與氣勢！

2. 取得市場地位！並做體驗行銷！

3. 完整產品線展出！

4. 提供VIP頂級服務！

5. 經營VIP頂端會員！

對旗艦店5大要求

1. 空間大！

2. 裝潢奢華！

3. 設計創新！

4. 店員素質高！

5. 頂級服務！

Unit 9-33 人員銷售行銷

一.為什麼需要人員銷售

很多行業需要靠人員銷售！

1.化妝品專櫃。

2.名牌精品店。

3.汽車經銷商。

4.服飾專櫃。

5.鞋品門市店。

6.人壽保險。

7.銀行理財專員。

8.房屋仲介、預售新屋。

9.直銷人員。

10.手機電、3C店、家電店。

11.藥妝店。

12.眼鏡店。

二.人員銷售的據點

1.百貨公司專櫃。

2.各型態連鎖店（門市店、加盟店）。

3.經銷店。

4.專賣店

三.如何提高「銷售力」的五大要點

1.挑選、徵聘具銷售、業務的人才。

2.組成一個強而有力的銷售組織團隊。

3.定期給予培訓，再訓練。

4.制定具有誘因及鼓舞性的業績獎金制度、辦法。

5.深化每一個「店長」的能力。

四.銷售人員培訓的五大重點

1.行業知識。

2.產品知識。

3.銷售技巧。

4.服務技巧。

5.客情維繫技巧。

五.店面、專櫃業績好四大因素

1.人：高素質銷售人力。

2.制度：獎勵制度。

3.地點：Location好。

4.領導與管理：店面經營管理。

六.直營通路＋銷售重要性提升

趨勢：加速拓展直營門市店及專櫃數＋優質店長櫃長

1.加速擴大業績成長。

2.加速市占率提升。

3.加速品牌形象提升。

IMC不能忽略銷售人員端

行銷是前段，而銷售是後端

```
IMC廣宣活動          吸引顧      靠店內或      業績
    +       %  →    客到店  →   專櫃銷售  →  產生
促銷活動       %     裡來       服務人員
                              推銷出去

      Marketing        +    Sales    =   Profit
                                          Revenue
```

```
Marketing        Sales         Revenue營收
IMC行企      +    銷售    →          &
                               Profit利潤  $
```

櫃長、店長強；全公司業績就會好

```
專櫃櫃長強          1.店員領導力強
    +         →    2.商圈經營力強   →   全公司業績
店長強             3.店面管理佳          就會好
                  4.銷售技巧高
```

```
店長                                        業績成交
        搶攻最後一哩   消費者、顧客   →
櫃長
```

Unit **9-34**
直效行銷（Direct-Marketing）

一.直效行銷在某些行業中仍然重要

直效行銷宣傳工具：

1.電話行銷Tele Marketing；簡稱T/M。

2.DM（單張DM，或整本DM）特刊。

3.EDM或E-Mail。

4.手機簡訊／手機LINE。

5.會員刊物發行。

二.直效行銷三大優點

1.直接傳達到個別、特定消費者手上。

2.成本花費相對便宜些（比電視、報紙廣告便宜很多）。

3.是輔助型的整合行銷傳播手法之一。

三.電話行銷的三種功能與目的

1.服務目的：售後服務。

2.宣傳目的：告知消費者：1.有促銷訊息；2.有產品訊息；3.有辦活動訊息。

3.業務目的：以促進銷售業績為目的。

四.經常使用電話行銷的行業別

1.壽險業（1.電視廣告即時打；2.Call-Out主動推銷）。

2.健康食品業。

3.信用卡貸款業。

4.零售業（促銷活動期間，地區商圈對會員打電話）。

5.會員卡業（大飯店會員卡）。

6.其他行業。

五.DM行銷

1.郵寄DM：零售業週年慶、年中慶及各種節慶促銷DM大本特刊。

2.夾報DM：週六、日各種仲介公司、速食公司……的夾報DM。

六.使用DM的行業別

1.房仲業。	4.百貨公司業。
2.預售屋業。	5.零售業。
3.速食業。	6.其他行業。

圖解行銷學

直效行銷成功5要點

1. 名單的有效性（刪除無效名單）

2. 盡量客製化，讓顧客有感受到是針對他

3. 搭配促銷活動比較有感

4. 每次要評估成本／效益如何（Cost/effect）

5. 不斷檢討改善、精進

直效行銷效益的評估指標

有形效益
1. 回應率多少？
2. 投入成本回收效益及有無獲利

無形效益
1. 顧客良好關係的維持
2. 品牌的好感度及忠誠度維繫

EDM行銷的要點

1. 要針對經常有開啟郵件的人發送，沒開啟的就不要送，否則是浪費。

2. EDM應該努力朝向客製化，勿千篇一律，效果會比較好。

3. EDM要經過Data-Mining，鎖定不同消費客群，寄不同內容的EDM，會比較有效。

Unit 9-35
服務行銷

一.服務業的行業別

　　1.零售百貨業；2.虛擬通路業；3.餐飲業；4.五大媒體業；5.演藝業；6.觀光旅遊業；7.廣告業；8.文創業；9.設計業；10.網路業；11.線上遊戲業；12.航空陸上交通運輸業；13.金融銀行業；14.保險業；15.直銷業；16.電信業；17.娛樂業；18.連鎖店業；19.專業人員業（律師、會計師）；20.進出口貿易業；21.醫院業；22.保全業；23.一般商店業；24.其他。

二.廠商與消費者接觸的服務點

　　1.門市店內；2.加盟店內；3.大賣場內；4.客服中心（0800專線）；5.網路線上回應；6.維修服務店；7.專櫃等，消費者都能感受到廠商的服務行銷水準。

三.目標：服務行銷品質往上走

　　1.高品質服務；2.高水準服務；3.頂級服務；4.專屬服務；5.貼心服務；6.精緻服務；7.安心服務；8.感動服務；9.驚喜服務；10.客製化服務；11.24小時無休服務；12.快速服務；13.解決問題服務；14.完美服務。

四.VIP顧客：最高頂級、客製化、專屬服務

　　VIP顧客於：1.精品專賣店；2.航空公司頭等艙；3.信用卡頂級卡；4.銀行貴賓理財；5.大飯店銷售會員卡前100名；6.高檔旅遊；7.高級餐廳、俱樂部；8.百貨公司前1,000名VIP等，可享受最高頂級服務、客製化服務、專屬服務。

五.頂級、高級服務人力管理內容

　　1.人力挑選：挑選儀表、禮儀、態度，笑容、EQ、IQ、行為最佳者。
　　2.人力培訓：行業知識、產品知識、公司知識、顧客知識、消費知識、銷售知識等。
　　3.人力考核：會員滿意度調查、神祕客到店訪查。
　　4.人力獎賞：服務獎金、年終獎金、業績獎金。
　　5.人力晉升：升組長、店長、主任、區經理、督導。

六.服務業同時做好8P/1S/1C

　　1.產品力；2.定價力；3.通路力；4.推廣力；5.人員銷售力；6.公關力PR；7.作業流程SOP；8.現場環境布置裝潢；9.服務力；10.CRM（顧客關係管理）。

七.小結：服務行銷致勝，服務競爭利時代來臨

　　唯有服務力提升，服務行銷方能致勝。

服務業與顧客接觸的關鍵時間MOT

顧客  ⟶ 服務點接觸

MOT
（Moment of Truth）

做好服務行銷黃金三角重點

1.人
· 高素質服務人力
· 有良好培訓服務人力

2.策略
· 服務的定位與服務主軸策略

3.制度SOP
· 制定各項SOP（標準程作業程序）
· 員工獎賞制度

服務行銷的成績驗證

1.高滿意度		**2.好口碑**		**3.高忠誠度**
顧客滿意度90%以上	+	顧客口碑傳播	+	顧客經常性再購、再來

4.業績好！獲利高

Unit 9-36
公仔（玩偶）行銷

一.公仔（玩偶）行銷常用行業

1.便利商店。
2.美妝、藥妝店。
3.速食餐飲店。
4.超市、量販店業。

二.公仔（玩偶）行銷的主要對象

1.年輕上班族女性。
2.學生女性。

三.公仔（玩偶）行銷的目的

1.透過累積點數或購滿額可換贈喜歡的公仔（玩偶）。
2.達到：多次來店消費購買，提高總業績等目的。

四.公仔（玩偶）行銷注意點

1.公仔（玩偶）設計須不斷創新才能吸引人，否則會疲乏。
2.訂製數量要準確，有時太紅會缺貨，被消費者責罵。
3.配合促銷活動。
4.要廣告宣傳。

五.公仔（玩偶）行銷舉辦次數

1.以一年一次為宜或半年一次為宜。
2.不能每月舉辦，太頻繁會疲軟，效益不大。

六.公仔行銷有四種造型：

1.Q版真人造型：像王建民或郭泓志等知名運動明星，賦予可愛的卡通造型。
2.現有卡通人物：像Hello Kitty給予多種不同造型，或是如迪士尼有眾多人物。
3.自創卡通人物：由廠商自創或請設計公司造造的卡通人物。
4.可愛動物或昆蟲：如統一純喫茶推出的瓢蟲公仔。

便利商店：公仔行銷成功因素

1.公仔是否有特色？

公仔行銷

5.公仔成本的控制

2.公仔是否受歡迎？

4.集點送門檻是否太高？

3.是否有代言人加持？

公仔（玩偶）行銷數據檢討效益評估

業績成長多少

減掉：公仔訂製成本
減掉：廣宣費用
——————————
效益增加

EX：
業績成長4.5億
×毛利率30%
——————————
毛利額1.35億
－公仔生產成本1億
－廣宣費用2,000萬
——————————
增加淨賺1,500萬

227

Unit 9-37
體驗行銷

一.體驗行銷的內涵

其實「體驗行銷」的概念,就是顧客經由觀察或是活動參與後,進而感受到某些刺激,因此誘發動機並對產品產生認同,促使購買行為的發生,藉由感官行銷的訴求,創造出新鮮獨特的的情感或知覺體驗;換言之,也就是透過視覺、聽覺、味覺、嗅覺及心的五感刺激,引發消費者動機與欲求,讓消費者打從心底的認同商品,並心甘情願掏錢購買。

二.體驗行銷「活動舉辦」

1.彩妝大都在百貨公司專櫃免費為消費者化妝活動。
2.食品、飲料、酒類在大賣場試吃、試喝活動。
3.汽車公司在週六、日舉辦試乘活動。
4.出席大型時尚秀展活動。
5.洗髮精試用包免費贈送。
6.其他現場體驗的感受活動。

三.體驗行銷成本花費

1.視規模大小而定;2.一般不算昂貴;3.大概幾十萬～幾百萬元。

四.大品牌建立自己的直營店,體驗行銷也是功能與目的之一

1.數位3C產品;2.Apple Studio A;3.三星直營店;4.精工錶直營店;5.SONY直營店;6.電信服務品牌;7.中華電信直營店;8.台哥大直營店;9.遠傳直營店;10. 86小舖;11.雄獅旅遊業。

五.「日常消費品」的體驗行銷作法

1.週六日大賣場設點試吃、試喝、試用。
2.在熱鬧的街道發送免費試用包。
3.在戶外人潮群聚處,搭舞臺,辦免費享用活動。
4.在官網或FB上舉辦活動送試用品。

六.傳統行銷＋體驗行銷

1.傳統行銷:強調產品本身的特性、品質、利益點。
2.體驗行銷:為顧客創造出更多的體驗、感受。
3.總體而言,「體驗行銷」重視的是顧客的經驗體會情緒感受、興趣等,而非一直談品質。

體驗行銷定義

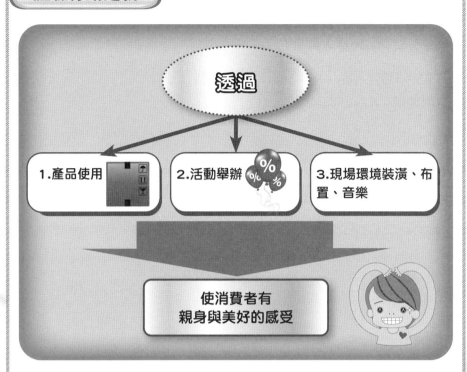

透過

1. 產品使用

2. 活動舉辦

3. 現場環境裝潢、布置、音樂

使消費者有
親身與美好的感受

體驗行銷的五感美好

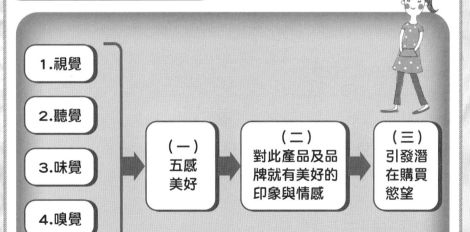

1. 視覺

2. 聽覺

3. 味覺

4. 嗅覺

5. 觸覺

（一）
五感
美好

（二）
對此產品及品
牌就有美好的
印象與情感

（三）
引發潛
在購買
慾望

229

Unit 9-38
運動行銷

一.運動行銷的類型

　　1.贊助個人選手（年度合約）
　　　例如：曾雅妮、王建民、盧彥勳
　　2.贊助球隊
　　　例如：法拉利車隊、統一獅棒球隊
　　3.贊助賽事（贊助商）
　　　例如：奧運、世足賽、F1賽車、美國職籃賽、國內職棒賽

二.運動行銷的目的

　　1.增加品牌的國內或全球曝光度。
　　2.提升品牌知名度與企業形象度。
　　3.間接有助於產品銷售。
　　4.回饋社會、公益行銷的一種。

三.運動行銷較適合的行業

　　1.電腦外銷業。
　　2.運動用品業。
　　3.金融業。
　　4.手機業。
　　5.飲料業。

四.運動行銷的最大效益

　　塑造／打造／持續：品牌力！
　　（品牌知名度、好感度、指名度、忠誠度）

五.運動行銷打造全球性品牌形象

　　1.打造：全球性品牌形象。
　　2.打造：國內品牌形象。

六.臺灣個人選手成為代言人

　　郭婞淳　　　　　戴資穎

acer運動行銷贊助

時間（年）	運動贊助	投入金額（市場估算）
2003	贊助F1一級方程式賽車，成為法拉利車隊資訊產品供應商	約1億美元
2003	贊助義大利足球名門國際米蘭隊	數百萬英鎊
2005	贊助旅美棒球選手王建民，擔任品牌代言人	每年約1,000萬元
2007	贊助西班牙足球名門巴塞隆納隊	數百萬英鎊
2010	成為溫哥華冬季奧運全球合作夥伴	約1億美元
2012	成為倫敦夏季奧運全球合作夥伴	
2012	邀請曾雅妮擔任acer全球品牌代言人	每年約150萬美元

贊助國際運動賽事的臺灣品牌

Unit 9-39
口碑行銷

圖解行銷學

一.消費者對廠商感受的口碑來源

1.產品很棒。
2.服務很好。
3.定價很合理。
4.通路購買很方便。
5.通常有促銷推廣活動。
6.送貨宅配很快。
7.品質很高。
8.退換貨很方便。
9.現場購物及消費環境很好。
10.服務人員水準很高。

二.口碑四大傳播管道

1.人員傳播：自己、同事之間、同學之間、家人之間、親朋好友之間、專業醫生、意見領袖 。
2.網路傳播：臉書及IG（粉絲團）、部落客、YouTube、公開論壇、各種專業網站內容、各種社群網站。
3.手機傳播：LINE、簡訊。
4.各種媒體報導傳播：報紙、雜誌、網路、廣播、書籍。

三.企業／品牌口碑好壞要靠企業全體部門的努力

1.研發部／產品開發部。
2.設計部。
3.採購部。
4.生產部。
5.行銷部。
6.業務部。
7.客服中心（服務中心）。
8.門市部。

四.在網路及手機高度普及時代

口碑好與壞，將傳播得更快！更大！影響力更全面！

五.好產品是口碑的來源和發動機

口碑行銷的好處

口碑 ➡ 口碑行銷

Word of Mouth(WOM)

WOM Marketing

口碑
為王

好處1 ➡ 可以降低行銷廣宣預算支出！

好處2 ➡ 可以鞏固既有穩定的業績及利潤！

企業經營
與行銷 ➡ 創造正面
好口碑！ ➡ 減少負面
不好的口碑！

消費者口碑的由來

1.好的體驗！

4.超出預期的！

口碑

2.好的感受！

3.物超所值的！
高CP值的！

Unit **9-40**
角色行銷與角色經濟

一.角色經濟（角色行銷）的定義

　　用國際授權業協會的定義，授權是商標、版權被應用到產品、服裝的過程，通常這些授權的資產可以是一個名字、一個logo、一張圖、一句話、一個簽名，甚至是一個角色。

二.角色經濟產值：北美市場一年54億美元

　　這樣的品牌授權，光是在北美，2012年就創造多達54億美元（約新臺幣1,620億元），其中又以娛樂角色的授權為最大宗；簡而言之，當一個角色經過授權後，被用來轉印在各式各樣的商品上，進到零售通路去販售，其中形成的廣大效益，就稱為「角色經濟」。

　　這些角色可以是一隻黃色小鴨，可以是Hello Kitty、哆啦A夢、米奇與米妮，而每個人心中的夢想樂園迪士尼，就是最會設計「角色」的公司。

三.長榮航空的角色經濟作法

　　1.角色：Hello Kitty。
　　2.時間：2005年至2008年，2011年再度合作至今。
　　3.內容：機身彩繪、機上相關產品販售。
　　4.成績：載客率增10%；機上品販售成績年增率近20%。

四.角色行銷：長榮航空讓搭飛機變有趣，帶給乘客歡樂

　　1.機身；2.機艙內部；3.衛生紙；4.枕頭套&枕頭；5.餐具；6.購物袋；都是Hello Kitty。

五.角色、公仔、玩偶行銷手法：集點送

　　1.Hello Kitty；2.哆啦A夢；3.米老鼠；消費多少，集多少點以上，即送：可愛的各種公仔、玩偶。

六.目的：提高銷售業績

　　1. 7-11：Hello Kitty（滿77元集點即贈送）；2.全家：好神公仔、阿朗基；3.長榮航空：Hello Kitty專機；4. 7-11：Open小將；5. City Café：Paddington Bear（柏靈頓熊）系列；6.漢神大飯店：Hello Kitty專屬房間打造；7.日本迪士尼樂園：迪士尼周邊商品。

角色經濟創造的經濟價值

Hello Kitty

2012年全球周邊零售產品最熱銷的單一卡通人物2,100億元

OPEN小將

臺灣最吸金公仔6年賺12億元

角色經濟供應鏈結構

角色創造者

如：三麗鷗、迪士尼、阿朗基、黃色小鴨

自行批貨販賣

如：一般文具店

區域代理商

如：臺灣三麗鷗、小天堂、臺灣華特迪士尼

獨家客製授權

如：專屬長榮航空的Kitty機及周邊商機

部分授權

如：全家阿朗基集點活動

第 **10** 章

服務策略與CRM策略

  章節體系架構 ▼

Unit 10-1
服務經營特性與業態

　　服務市場有哪些？何種服務品質才能留住顧客？當顧客對企業提供的服務表示高度滿意時，是否代表從此以後都是企業的顧客？這點值得我們深思。

一.服務的經營理念

　　(一)**顧客滿意度不等於顧客忠誠度**：因為滿意的顧客，不一定會再次消費，而忠誠的顧客一定會非常滿意，還會再次消費，並且口耳相傳，推薦給其他人。

　　(二)**服務即在創造顧客的終身價值**：假設某個消費者經常上某家餐館，如果一年10次，每次平均消費2,000元，連續二十年，即累積40萬元的消費額，為數可觀。

　　(三)**忠誠的顧客會與企業同一陣線**：不僅如此，還會幫企業宣傳。不過前提是企業提供的產品及服務必須達到，甚至超過顧客的期望。

　　(四)**顧客就像旅行者**：顧客不會久留一個地方，他們喜歡新鮮事物，喜愛享受不同體驗，要留住他們，就要時時提供新的服務。

二.服務特性

　　(一)**無形的（Intangibility）**：服務是無形的，例如：做美容手術的人，在購買該服務之前無法看到結果（雖然有照片、模仿品可看到），所以也稱不可觸及性。

　　(二)**不可分割性（Inseparability）**：一項服務及其來源是不可分的，例如：某種影片女主角就應由某位影星來演最傳神，如果換了另一個人就有些走味而不精彩了。

　　(三)**可變動性（Variablity）**：服務是高度可變的，因為它們可依不同顧客、隨時、隨地提供服務而有變化，所以也稱品質差異化。

　　(四)**易毀滅性（Perishability）**：服務是不太能儲存的，例如：火車、飛機、捷運，必須按時刻表而行駛，不會為某些人慢開。

三.服務業態

　　(一)**金融業**：提供金融服務，包括銀行、信託公司、證券公司、保險公司。

　　(二)**公用事業與交通服務業**：提供電力、自來水、電信、公路、航空、海上、鐵路運輸等服務。

　　(三)**個人與工商服務**：1.個人服務業：美容、美髮、攝影、民宿、餐廳等業別，以及2.工商服務業：廣告、徵信、職業介紹、維修服務等。

　　(四)**專業服務業**：會計師、律師、醫生、顧問、設計、貿易、整合行銷、公關等。

　　(五)**娛樂服務業**：電影業、戲劇業、休閒娛樂場所、影音出租店、主題遊樂區、PUB等。

　　(六)**零售流通業**：百貨公司、購物中心、量販店（大賣場）、超市、資訊3C連鎖店、服飾連鎖店、仕女鞋連鎖店等。

　　(七)**媒體傳播服務業**：電視、報紙、廣播、網路、數位媒體等行業。

服務的經營理念

1.服務是會口碑相傳的	2.服務要創造顧客的終身價值
3.忠誠顧客會幫公司宣傳	4.不斷為顧客提供創新服務

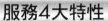

服務4大特性

Service

1.是無形的

2.是不可分割的

3.是可變動的

4.是易毀滅的

服務策略（服務力）

(7)90%高滿意度服務

(1)精緻、貼心、頂級服務

(2)VIP、高檔、高品質服務

Service Strategy

(6)主動、積極、全面服務

(3)高素質人力服務

(5)標準作業流程（SOP）服務

(4)24小時或12小時即時服務

Unit **10-2**
服務的「關鍵時刻」及需求策略

由於服務的無形、可變動的特性，導致每一個服務接觸點都是「關鍵時刻」，稍有閃失，則服務的易毀滅性就產生了。

一.關鍵時刻的定義

談服務力，首要關鍵在於公司、店面人員或專櫃人員面對顧客的第一個關鍵點。此種關鍵點，可能是我們公司人員的一個微笑、一個問答聲、一個眼神、一個歡迎手勢、一種主動感與親切感、或是一種尊榮感與頂級感，這種種對顧客第一眼看到、聽到所做回應的時刻點，即稱為服務的「關鍵時刻」（Moment of Truth, MOT）。

二.服務的循環

要評斷一家公司的服務品質，最明顯的著手處就是列出感受關鍵點，即該筆生意的每次關鍵時刻。想想企業本身，哪些是顧客用來評斷你企業的各種不同接觸點？你有多少機會得分？

想像你的公司是在服務循環中與顧客接觸，這是一個重複的連續事件，不同人在其中努力達成顧客每一個點上的需求和期待。服務循環是顧客在一個組織內各個接觸點的分布圖，從某方面來說，這是透過顧客的眼睛來看的公司。

這個循環始於顧客與貴公司之間的第一個接觸點：1.可能是顧客看到你的廣告的第一眼；2.接到業務人員的第一通電話；3.撥第一通電話；4.上網站查詢等，或是5.任何一項開啟生意流程的事件。只有在顧客認為服務完成了，這個循環才算結束。但這也是暫時的，一旦顧客決定要回來接受更多的服務時，循環又開始了。

三.服務業需求之策略

行銷學家賽瑟（Sasser）曾就如何使服務業的需求和供給有效配合，提出一些策略：

(一)差別定價（Differential Pricing）：可使一些巔峰期的需求，轉移到非巔峰期，例如：電力公司有離峰優待價；電信公司在深夜上網或打國際電話會便宜些。

(二)補償性的服務（Complementary Services）：在巔峰時間等服務之消費者，可提供其他服務給他們，例如：未理髮前，提供書報雜誌閱讀等；在等待汽車維修時，提供咖啡、餅乾或上網服務等。

(三)培養非巔峰期的需求（Nonpeak Demand can be Cultivated）：透過各種途徑增加消費者某段時間內之消費。例如：主題遊樂園推出晚上較便宜的星光票，以吸引夜間遊樂消費者。再如：大飯店週一到週五的房間價格，比週六、週日便宜。

(四)預約制度（Reservation Systems）：此為有效管理需求順序與數量之方法，例如：航空公司、旅館、醫院、餐廳等，大都使用此方法。另外，像便利商店也推出各種節慶商品之預購服務。

服務的第一個關鍵時刻的接觸點

1. 進入直營門市店，接待人員或店員的接觸點

2. 進入加盟店，接待人員或店員的接觸點

3. 進入高級名牌精品店，接待人員或店員的接觸點

4. 打電話給客服中心（Call-Center）人員接起電話回應的接觸點

5. 進入網站詢問或表達意見，對方公司從網站回應的速度接觸點

6. 進入餐廳點餐時，接待人員的接觸點

7. 進入往來廠商總公司樓層櫃檯人員或總機小姐的回應接觸點

服務無所不在

1. 客服中心與客服專線（Call-Center）

2. 服務門市店、服務中心（店面）

3. 網路服務（Web-Center, E-Mail）

4. 直營門市店兼服務（Store）

5. 專櫃兼服務

Ex：電信公司、信用卡公司、電腦公司、電視購物公司、網路購物公司、高級汽車公司、高級名牌精品公司

Unit 10-3
服務的金三角

前文談了服務接觸點之廣，影響之大，那麼要如何展開服務管理？服務企業的領導人要如何才能直接或間接地提高顧客在眾多關鍵時刻經驗的品質？傑出的服務工作在管理上，是否有什麼特定的思考架構？一如服務循環模式可以釐清顧客的觀點，公司導向的模式也有助於經理人思考該如何著手去做。

公司和顧客緊密地結合在一個三角關係裡，這個服務金三角代表了服務策略、系統和人員三大元素，圍繞著顧客打轉，形成創造性的交互作用。這個金三角模式與用來描述商業運作的標準組織圖完全不同。

一.人員

服務人員決定了服務業成敗的絕大部分因素。製造業靠機器設備自動化生產，產品是千篇一律的相同，但服務業就大大不同了。服務業的成敗，首要條件是在第一線上的「人」。這種「人才」，若有熱情、有禮貌、有規矩、有訓練、有正確心態、有笑容、有主動性、有積極性以及有專業性等，則此服務必會為公司帶來好的績效。

所以，服務業在第一線或幕後客服中心也接觸到顧客的員工們，都能做好前述的要求，則必是成功的公司，因此為服務金三角之首要條件。

二.系統或制度

服務業金三角的第二個要件就是要有：1.系統化；2.制度化；3.機制，以及4.規章、流程與辦法化之要求。

服務從開始到完成，要建立一套「標準化流程」（Standard Operating Procedure, SOP）與「規章辦法」（Rule & Document）。因為服務業的每個人不是機器，因此就會有心情、心理、生理、身體與想法的不同變化，有時好，有時不太好，有時依制度做，有時隨興做，此等均會影響到對顧客的服務水準及服務感受。因此，各種服務業最好要建立SOP，才能有標準化、一致性與高水準表現的完整服務過程。

因此，服務業一定要建立一套完整良好及有效率的制度、系統、流程、規章與辦法，並且依此做好服務人員的教育訓練。

三.策略

任何服務業要成功、要成為第一品牌、要有口碑、要能獲利、要能成長，則一定要有能夠展現出跟別人不一樣的特色，例如：獨家賣點、高品質水準及差異化。

因此，公司高階主管必須思考、評估、分析及訂出我們這個公司的各種面向的服務策略。

該服務策略要根據顧客的期望並加以細分化，使顧客的期望與企業提供服務的能力相配合，這樣就可以為顧客提供滿意的服務，奠定一個良好的基礎。

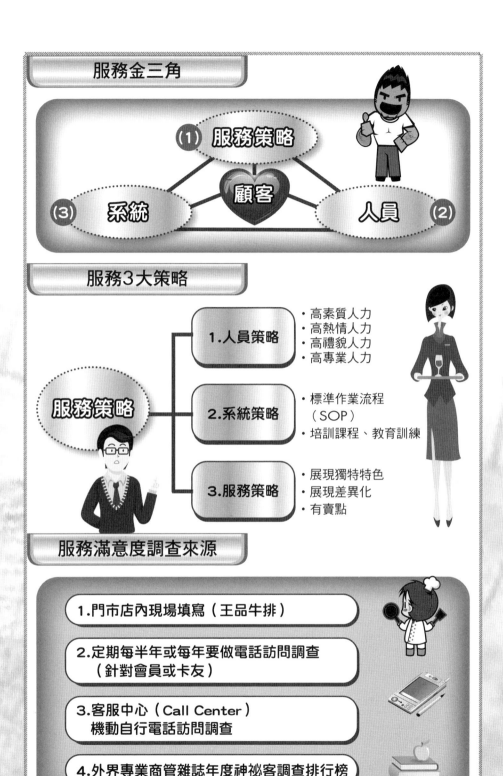

服務金三角

(1) 服務策略

顧客

(3) 系統

人員 (2)

服務3大策略

服務策略

1.人員策略
- 高素質人力
- 高熱情人力
- 高禮貌人力
- 高專業人力

2.系統策略
- 標準作業流程（SOP）
- 培訓課程、教育訓練

3.服務策略
- 展現獨特特色
- 展現差異化
- 有賣點

服務滿意度調查來源

1.門市店內現場填寫（王品牛排）

2.定期每半年或每年要做電話訪問調查（針對會員或卡友）

3.客服中心（Call Center）機動自行電話訪問調查

4.外界專業商管雜誌年度神祕客調查排行榜

Unit **10-4**
服務套裝的意義與要素

　　服務管理最有用的概念之一，就是「服務套裝」（Service Value Package）的觀念。這個名詞源自北歐，在當地普遍用來檢討服務系統和評鑑服務水準。

　　服務套裝也稱為顧客價值套裝，但多數都同意：「服務套裝（顧客價值套裝）是提供給顧客的產品、服務和經驗之總和。」依其主要與次要的服務價值套裝說明如下。

一.「主要價值」套裝

　　主要價值套裝（Primary Value Package）就是企業服務商品的核心，是企業在這一行的基本理由。沒有主要價值套裝，企業就沒有存在意義。主要價值套裝必須反映出主宰服務策略的邏輯，提供一套自然、相容的產品、服務與經驗，全部融入顧客的心中，形成高價值的印象。

二.「次要價值」套裝

　　次要價值套裝（Service Value Package）必須支援、支持，並增加主要價值套裝的價值，不該是未經考慮、隨便硬湊的「額外」大雜燴。這次要服務的特色應該要提供「槓桿作用」，也就是協助建立顧客眼中整套價值。了解主要和次要價值套裝之間潛在的配合作用關係，將能引導出一些有創意、有效果的服務設計方法。

三.案例說明

　　舉例來說，在以照護為主的醫院裡，對病人顧客核心服務，即包括醫療、照護、藥劑、資訊和住宿等。次要周邊服務包括一些舒適和便利的要素，例如：電話、方便探病的規定、禮品店、藥局、便利商店、洗髮店、美食街等。

小博士解說

音樂會之服務設計

音樂會設計行銷前應考慮之服務性：1.無形性：音樂是一項服務，非有形商品，無法使用金錢買到實體的音樂，僅能聆聽、幻想、感受它；因此，行銷應特別強調心神的享受與滿足。2.不可分割性：音樂會演出之好壞與演奏人員及現場設施，具有不可分割性；行銷可著重在人物及地點的突出。3.可變性：音樂將會因演出的人及其時間、地點、場所之後勤配合等因素，而呈現出不同演奏品質；因此，行銷人員必須對這四項做最完善的評估與準備。4.易毀性：音樂服務之現場感是無法儲存或保留，即使錄音也與原音有很大差距。因此，行銷人員應鼓勵消費者珍惜這種人生的少數體驗，激發其重視感。

何謂「服務套裝」？

服務套裝也稱為顧客價值套裝，
是提供給顧客的產品、服務和經驗之總和。

服務套裝 ＝ 「主要價值」套裝 ＋ 「次要價值」套裝

這是企業服務商品的核心。必須反映出主宰服務策略的邏輯，提供一套自然相容的產品、服務與經驗，全部融入顧客的心中，形成高價值的印象。

這是指必須支援並增加主要價值套裝的價值，不是未經考慮、隨便硬湊的「額外」大雜燴。這次要服務的特色應該要提供「槓桿作用」，也就是協助建立顧客眼中整套價值。

了解主要和次要價值套裝之間潛在的配合作用關係，將能引導出一些有創意、有效果的服務設計方法。

醫院服務價值套裝

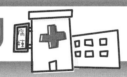

醫院案例

主要價值套裝：
醫療、照護、藥劑、住院、資訊服務表現水準

次要價值套裝：
便利商店、藥妝店、鮮花店、美食街、洗髮店、探病規定、電話、電腦、往生服務、網際網路、查詢等周邊提供服務之便利性

Unit **10-5**
CRM的基本概念

　　CRM的基礎理論就是用一句簡單話即能概括，那就是如何做好「企業的顧客戰略」，也就是把「顧客」當成是「戰略」的觀點及戰略對象，來用心經營好它。顧客並非僅指向我們買東西的才算顧客，其實公司員工、上游供應商、下游通路商以及競爭對手的顧客，這都是屬於關係行銷的重要資產。

一.CRM的顧客戰略

　　而CRM的顧客戰略，包括了三件大事，亦即：

　　第一：顧客是誰？

　　第二：顧客要什麼？

　　第三：對顧客要如何做？

　　總之，CRM的顧客戰略，亦即要回到顧客對應的原點上來考量及執行。CRM不能脫離顧客、CRM不能不了解顧客、CRM要及時、細緻與圓滿的滿足顧客各種的需求與慾望，完全以「顧客」為唯一的核心對待點。

二.CRM實踐的四個層次

　　CRM的起源即是「顧客戰略」，實務上CRM大致可以區分為四個層次，包括：

　　第一層：屬戰略層級，即公司對待顧客的戰略是什麼。

　　第二層：屬知識層級，即對顧客的輪廓（Profile）是否能夠認識清楚及掌握。

　　第三層：屬企業營運的流程（Process）、組織、行銷及營業等。公司希望CRM能夠充分支援及協助營業及行銷的拓展事宜。

　　第四層：屬於現場工作者及資訊科技操作工作的支援事宜，也就是CRM的基礎建設工程。

三.顧客資料庫的統合

　　CRM的基本，當然指的就是顧客資料庫，即是由一個個的個別顧客所累積與形成的顧客資料庫。這些顧客資料庫有以下使用功能：

　　(一)**內部共享**：可以在公司內部形成共有化、共同分享及共同使用。

　　(二)**不斷被輸入**：這些顧客資料庫會被不斷的輸入（Input）最新資料，而這些輸入來源，不只是一個部門，而是包括了公司全部的相關部門，即第一線業務人員、門市銷售人員、專櫃人員、市調人員、行銷企劃人員、後勤支援人員、商品開發人員、產業分析人員，以及策略規劃人員等。

　　(三)**維持長期關係**：透過行銷活動及營業活動的操作及執行，終於使公司能夠與顧客維持較長期及忠誠的關係。

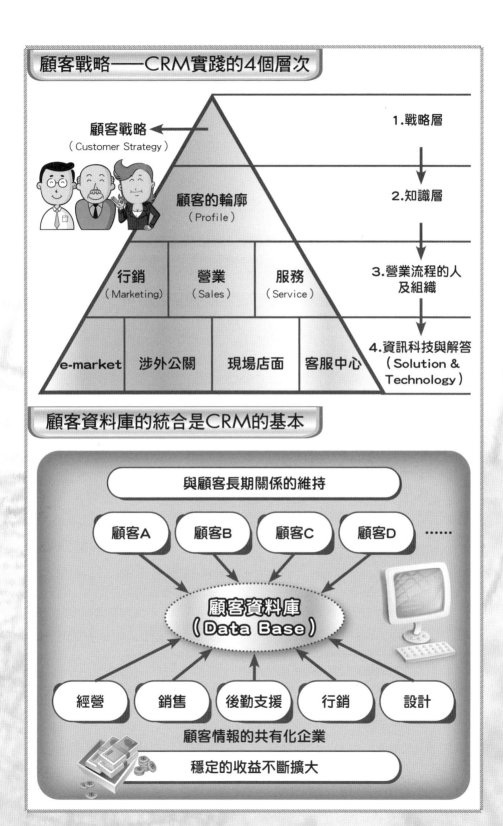

顧客戰略——CRM實踐的4個層次

顧客戰略
（Customer Strategy）

顧客的輪廓
（Profile）

| 行銷 (Marketing) | 營業 (Sales) | 服務 (Service) |

| e-market | 涉外公關 | 現場店面 | 客服中心 |

1.戰略層

2.知識層

3.營業流程的人及組織

4.資訊科技與解答（Solution & Technology）

顧客資料庫的統合是CRM的基本

與顧客長期關係的維持

| 顧客A | 顧客B | 顧客C | 顧客D | ⋯⋯ |

顧客資料庫
（Data Base）

| 經營 | 銷售 | 後勤支援 | 行銷 | 設計 |

顧客情報的共有化企業

穩定的收益不斷擴大

Unit **10-6**
CRM的目的與執行

CRM機制的存在有什麼目的？要如何執行才能達到成效？讓我們全面性思考。

一.CRM的目的

(一)不斷提升「精準行銷」之目標：使行銷成本支出在最合理之下，達成最精準與最有效果的行銷企劃活動。

(二)不斷提升「顧客滿意度」之目標：顧客永遠不會100%滿意，也不斷改變他的滿意程度及內涵。透過CRM機制，旨在不斷提升顧客的滿意度，並對我們產生好口碑及好評價。滿意度的進步是永無止境的。

(三)不斷提升「品牌忠誠度及回購率」之目標：顧客滿意度並不完全等同顧客忠誠度，有時顧客滿意，但不會在行為上、再購率上及心理上有高的忠誠度展現。因此，運用CRM機制，希望能力求提升顧客對我們品牌完全的忠誠度，而不會成為品牌的移轉者，並最終提升顧客回購率目標。

(四)不斷提升「行銷績效」之目標：CRM的數據化效益目標，當然也要呈現在營收、獲利、市占率、市場領導品牌等量化的績效目標上，適度的加以評量／衡量／計算，然後才能跟CRM的投入成本做分析比較。

(五)不斷提升「企業形象」之目標：企業形象與企業聲譽是企業生命的根本力量，CRM也希望創造更多忠誠顧客，對我們企業有良好的企業形象評價。

(六)不斷鞏固既有顧客並開發新顧客之目標：CRM一方面要鞏固及留住既有顧客，儘量使流失比例降到最低；另一方面也要開發更多的新顧客，使企業成長不斷創新高、刷新紀錄。

二.CRM的作法與執行

CRM必須從四個大面向全方位思考相關具體作法細節與計畫。這要視各行各業而有不同的重點，各公司也有不同的狀況。但是，唯有思慮周密的「同時」均能考慮到這四個方向，並採取有效的作法及方案，才會產生出最完美的CRM成效。

(一)IT技術面：1.資料蒐集（Data-Collecting）；2.資料倉儲（Data-Warehouse），以及3.資料探勘（Data-Mining）。

(二)行銷企劃與業務銷售面：1.產品力提升；2.品牌力提升；3.價值力提升；4.業務力提升；5.促銷力提升；6.人員銷售力提升；7.作業流程力提升；8.服務力提升（客服中心）；9.媒體公關力提升；10.活動行銷力提升；11.網路行銷力提升，以及12.實體環境力提升。

(三)會員經營面：1.會員卡；2.聯名卡；3.會員分級經營；4.會員服務經營，以及5.會員行銷經營。

(四)經營策略面：1.顧客導向策略；2.顧客滿意策略；3.顧客意識策略，以及4.企業形象策略。

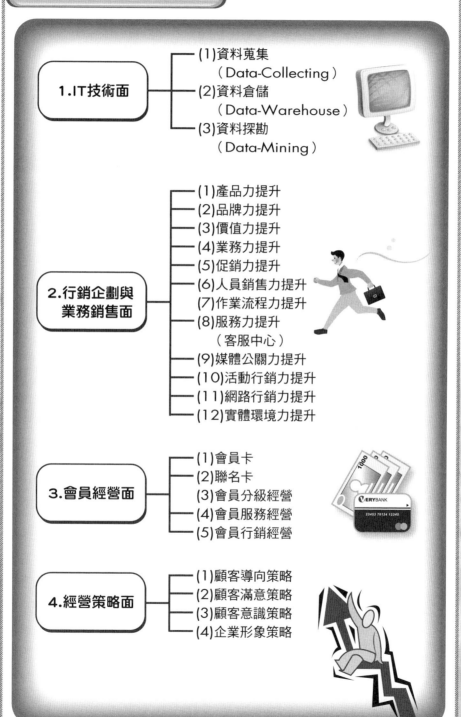

CRM執行的4大面向

1.IT技術面
- (1)資料蒐集（Data-Collecting）
- (2)資料倉儲（Data-Warehouse）
- (3)資料探勘（Data-Mining）

2.行銷企劃與業務銷售面
- (1)產品力提升
- (2)品牌力提升
- (3)價值力提升
- (4)業務力提升
- (5)促銷力提升
- (6)人員銷售力提升
- (7)作業流程力提升
- (8)服務力提升（客服中心）
- (9)媒體公關力提升
- (10)活動行銷力提升
- (11)網路行銷力提升
- (12)實體環境力提升

3.會員經營面
- (1)會員卡
- (2)聯名卡
- (3)會員分級經營
- (4)會員服務經營
- (5)會員行銷經營

4.經營策略面
- (1)顧客導向策略
- (2)顧客滿意策略
- (3)顧客意識策略
- (4)企業形象策略

第 11 章

業務（營業）常識
與業務數據分析及管理

●●●●●●●●●●●●●●●●●●●●●●●●●● 章節體系架構 ▼

Unit 11-1
POS資訊系統銷售分析

POS（Point of Sales）為銷售據點的資訊回報系統，記錄店內每天銷售狀況。

圖解行銷學

一.四種營業類型

（一）**日用消費品類**：如牙膏、衛生紙、生理用品、食品、飲料、雞精、奶粉、洗潔精、洗髮精、沐浴乳、冰淇淋、泡麵等。

（二）**直營門市店、直營專櫃**：如服飾店、精品店、通訊行、餐飲店、內衣專櫃、化妝保養品專櫃、保健食品專櫃等。

（三）**加盟門市店**：如房屋仲介、餐飲、便利商店、飲料連鎖店、咖啡連鎖店、鐘錶店等。

（四）**虛擬通路**：無店鋪販售。

二.POS銷售分析可獲得的訊息

1. 整體當月業績好不好？
2. 哪些品項賣得比較好，或比較差？
3. 經由哪些行銷通路賣的狀況比較好（例如：屈臣氏通路或賣場最好？）
4. 哪些地區、哪些縣市、哪些據點賣得比較好或比較差？
5. 有促銷活動時，會成長多少業績比例？
6. 週一到週日，哪些天的業績比較好？或比較差？
7. 新產品上市賣的狀況如何？
8. 哪些款式賣得比較好？

三.追根究柢：業績分析細節面向（十五個面向）

1.通路分析；2.地區分析；3.店別分析；4.季節別分析；5.週間別分析；6.品類、品項分析；7.品牌別分析；8.款式別分析；9.每天24小時別分析（時間別）；10.男、女客別分析；11.年齡層別分析；12.職業別分析；13.新品、舊品分析；14.包裝別不同分析；15.口味別分析。

252

小博士解說

何謂POS？

POS為Point of Sales的縮寫，指銷售據點的資訊回報系統，是將早期的單純收銀機，提升為兼具收銀、銷貨、進貨、記帳等管理功能的電腦系統。POS系統是一個客製化程度很高的軟硬體系統，可依不同行業別的需求做開發使用，例如：餐飲業的點菜機、便利商店的收銀兼銷貨管控的機器、彩券行用來列印彩券的彩券機等。

每日業績追蹤 ── POS系統

零售據點

1. 全聯福利中心

2. 家樂福

3. 7-11

4. 屈臣氏

5. 新光三越百貨

6. 直營店面

7. 加盟店面

（隨時記錄）

店內POS系統（銷售資訊系統即時連線）

（同步傳回）

➲ 總公司
➲ 製造商
➲ 進口商
➲ 總代理商（營業部、業務部）

註：POS－Point of Sales銷售據點
　　之資訊回饋系統

根據POS資訊情報做分析

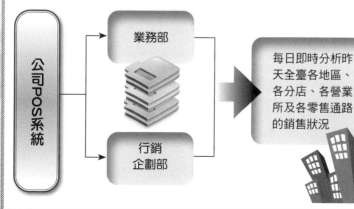

公司POS系統 → 業務部 / 行銷企劃部 → 每日即時分析昨天全臺各地區、各分店、各營業所及各零售通路的銷售狀況 → 擬定行銷因應對策

Unit **11-2** 業績檢討分析

一.四大比較：銷售業績分析（每月／每季／每年）

（一）時間點：每月、每季、每年。

（二）分析重點（五大比較）

1. 銷售實績與原先預算目標相比較的達成率如何？
　例如：LV精品店原定本月預算目標做5億元，實績為6億元，即超過目標20%，績效良好。

2. 銷售實績與去年同期實績相比較的成長率如何？
　例如：去年同月分為4億元，今年為6億元，成長2億元，績效良好。

3. 銷售業績與競爭對手比較如何？
　例如：本公司當月業績為3億元，其他競爭對手均在2～3億之間。

4. 銷售業績與現況市占率比較如何？
　例如：在皮件精品中，本月市占率為20%，比上月15%又成長5%，績效良好。

5. 銷售業績與整體同業市場成長比較如何？
　例如：整體市場成長10%，本公司成長20%，績效良好。

二.業績衰退的可能十二大原因

　1.競爭者太多；2.價格競爭破壞市場行情；3.本公司新品上市偏少，產品力不足；4.本公司廣宣預算減少或不足；5.行業別整個部門在衰退；6.業務人員銷售戰力衰退；7.公司獎金制度不佳；8.公司通路普及不足；9.品牌老化問題；10.促銷活動太少，店頭活動太少；11.品牌忠誠度下降；12.經濟景氣問題。

三.業績成長的可能十八個原因

　1.新品上市成功；2.新代言人成功；3.廣告宣傳成功；4.品牌打造成功；5.產品力佳；6.定價合理且彈性固定；7.品牌定位成功；8通路布局成功；9.促銷活動成功；10.品牌年輕化；11.行銷預算充足；12.獨占市場優勢；13.銷售人員組織戰鬥力強；14.服務力佳；15.會員卡實施成功；16.業績獎勵制度佳；17.行銷因應對策及時；18.企業形象良好。

小博士解說

業績每日、每週、每月檢討是非常重要的事情。筆者以前在企業界工作時，業務部門每天早上要檢討前一日全臺業績狀況；或是每天傍晚要檢討今天業績狀況。而公司老闆則每週必會舉行一次業務會報，了解上週全臺業績狀況，包括整個業界，以及競爭對手的比較分析，並做出因應對策指示。

5種業績比較準則

每月、每年銷售實績比較

1. 與預算目標比較

2. 與去年同期比較

3. 與現況市占率比較

4. 與整體同業成長比較

5. 與主力競爭對手業績比較

範例：銷售檢討表單（○○年6月）

產品別	1. 本月分 實績	2. 本月分 目標	3. ＝1/2本月 分達成率	4. 去年6月 分實績	5. 與去年6月 分增減	6. 本月預估 市占率	7. 累積1～6 月達成率
1.××產品	$	$	%	$	$	%	%
2.××產品	$	$	%	$	$	%	%
3.××產品	$	$	%	$	$	%	%
4.××產品	$	$	%	$	$	%	%
5.××產品	$	$	%	$	$	%	%

追蹤業績不佳原因的管道

1. 詢問專櫃銷售人員、直營門市店銷售人員意見

2. 詢問北、中、南分公司或營業所之業務人員意見

3. 詢問大型零售公司採購人員之意見

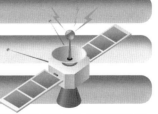

4. 詢問全國各縣市經銷商、經銷店老闆意見

5. 對消費者或會員的市調，了解消費者意見

Unit **11-3**
高度重視行銷數據管理

一、業務人員與行銷企劃人員的核心工作重點

> 高度重視及
> 掌握每天
> 「數據管理」

哪些數據管理？

1. 銷售業績數據：每月、每週、每天銷售數據掌握、數據分析及因應對策。
2. 損益表數據：每月、每季、每半年、每年的損益（獲利或虧損）數據之掌握、分析及因應對策。
3. 每日、每月來客數、客單價數據。
4. 每半年、每年顧客滿意度市調報告數據。
5. 品牌知名度、喜好度、好感度、忠誠度調查數據。
6. 服務滿意度調查數據。
7. 新品上市且成功數據。
8. 整個產品組合銷售占比分析數據。
9. 直營門市店、專櫃數量成長數據。
10. 市占率變化數據。
11. 業績比去年成長或衰退數據。
12. 主力競爭對手各項數據的變化。
13. 整個市場與行業整體數據的變化。

二、日用消費品業務人員工作內容

業務員 ➡ 零售商採購人員

1.新品上架洽談；2.定價洽談；3.促銷活動洽談；4.陳列洽談；5.出貨、退貨事宜；6.結帳、請款事宜；7.市場資訊打聽事宜；8.其他相關事宜。

三、行企＋業務：團結力量大

行企 ＋ 業務（營業） ＝ 整體行銷才會成功！

是頭腦！　　　　　是手腳！

高度重視行銷數據管理

① 每天、每週
銷售量、銷售額

② 每月損益表
盈虧狀況

③ 每月來客數、
客單價變化

④ 每半年一次
顧客滿意度變化

⑤ 品牌知名度、喜愛度、
忠誠度變化

⑥ 新品上市成功
與失敗分析

⑦ 每月
市占率變化

⑧ 每月實際與預算
數據比較分析

⑨ 產品組合與
獲利結構分析

⑩ 門市店成長
數量分析

⑪ 與競爭對手
各項數據分析

⑫ 整個行業景氣與
產值消長變化分析

知識補充站

高階行銷手法

行銷數據管理是行銷人員或品牌經理人，必須擁有的重要觀念及分析工具。行銷做到最後一個階段，就是要驗收行銷效益的數據化，唯有數據的分析、比較及觀察，才能洞悉問題所在與對策何在。所以，行銷人員必須對數據相當敏感與有直觀的判斷能力，如此才能成為高階行銷經理人員。

第 **12** 章
品牌年輕化行銷

●●●●●●●●●●●●●●●●●●●●●●●● 章節體系架構 ▼

Unit 12-1
品牌老化的現象及不良後果

一.品牌老化的現象

1.業績逐年滑落衰退，年年無法達成預定目標，怎麼努力都救不起來。

2.市占率呈現下滑現象，從領導品牌跌落到第五、六名之後。

3.購買客群年齡逐漸老化，以前主要是30歲客群，現在變成50歲了，年輕新客群卻沒進來。

4.品牌印象被大眾誤認為媽媽、阿姨使用的品牌，而不是年輕人使用的品牌。

5.在零售店、百貨公司或大賣場的櫃位被移到最裡面、最角落的不好位置，被認為是表現不佳的品牌。

二.品牌為什麼會老化

1.沒有推出新產品。

2.沒有以年輕族群為目標客層。

3.公司高層決策者的失誤或忽略。

4.公司行銷或品牌定位沒有隨環境改變而變化觀念。

5.沒有持續改良、修正既有產品。

6.缺乏創新精神。

7.忽略競爭對手的能力。

8.沒有定期做SWOT的分析。

9.公司行銷態度過於驕傲，即所謂的「驕必敗」。

三.品牌老化的不良後果

1.顧客群老化。

2.業績衰退。

3.獲利衰退。

4.市占率衰退。

5.品牌地位衰退。

6.企業面臨經營危機。

小博士解說

一般產品的主力消費族群是25～45歲

．消費慾望大

．消費頻率高

．消費需求強

．人生精華期

品牌為什麼會老化

1.沒有推出新產品

2.沒有以年輕族群為目標客層

3.公司高階決策者的失誤或忽略

4.公司行銷或品牌定位沒有隨環境改變而變化因應

5.沒有持續改良、修正既有產品

6.缺乏創新精神

7.忽略競爭對手的能力

8.沒有定期做SWOT分析

品牌老化的不良後果

1.顧客群老化

2.業績及獲利衰退

3.品牌地位衰退

4.市占率衰退

5.企業面臨經營危機

Unit 12-2
品牌年輕化的企劃重點項目與要訣

一.品牌年輕化企劃撰寫的十一個項目

① SWOT分析

② 開發新產品或改良舊產品的推出

③ 取一個全新品牌或副品牌的名字

④ 找一個最佳最適當的年輕偶像藝人或KOL大網紅作代言人

⑤ 喊出一句吸引人的Slogan

⑥ 產品、品牌「重定位」

⑦ 目標族群（TA）重新訂定

⑧ 包裝及色系均要年輕化取向

⑨ 全方位整合行銷廣宣活動的推動

⑩ 訂出一個合理的價格

⑪ 人員銷售組織配合革新

二.國內外長青第一品牌的八大要訣

① 持續保持領先的創新能力

② 不斷推出新產品、新品牌

③ 廣告宣傳活動不斷創新、有創意

④ 設計能夠引領時代潮流

⑤ 既有產品不斷改良、改變、更新

⑥ 引用最新、最有話題的代言人或KOL大網紅行銷策略

⑦ 永遠保持高品質口碑

⑧ 與時俱進善用數位新媒體

品牌年輕化

| 老闆、高階經營者的領導思維要永保年輕化 | ＋ | 行銷部、品牌部要隨時警惕勿讓品牌陷入老化！要在操作手法永保年輕化 | ⇒ | 品牌年輕化 |

品牌年輕化重點與作為

1.產品設計、包裝、色彩年輕化	9.辦活動年輕化
2.多用數位媒體廣告及社群口碑影響	10.價位年輕化
3.引起年輕人話題的行銷	11.定位年輕化
4.老闆思維年輕化	12.行銷部人員年輕化
5.研發部人員年輕化	13.代言人年輕化
6.門市專櫃年輕化	14.第一線業務人員年輕化
7.推出創新好產品	15.通路年輕化
8.多在電視廣告曝光	16.TVCF廣告呈現手法年輕化

知識補充站

品牌年輕化工作小組編制表

召集人
總經理

副召集人
執行副總

執行祕書
行企部經理

| 產品研發組 | 行銷企劃組 | 直營門市組 | 全省通路業務組 | 生產組 | 行政總務組 | 公關組 |

263

Unit **12-3**
品牌年輕化的成功案例

一.品牌年輕化的行銷作為

1.大量起用當紅年輕一線藝人或KOL大網紅作代言人。

2.推出新系列、新產品、新品牌。

3.盡量使用數位媒體做溝通。

4.專櫃設計及專櫃人員全面年輕化。

5.定價平民化、小資化。

6.廣告宣傳方式年輕化。

7.產品要定期改良、革新及年輕化。

二.近年來品牌年輕化的成功案例

1.蘭蔻彩妝保養品。

2.資生堂。

3.大同家電。

4.櫻花廚具。

5.麥當勞。

6.歐蕾（OLAY）。

7.TOYOTA汽車。

8.黑人牙膏

9.光陽機車

三.成立品牌年輕化小組

(一)內部成員

1.行銷部。

2.業務部。

3.商品開發部。

4.設計部。

5.製造部。

(二)外部成員

1.廣告公司。

2.公關公司。

3.媒體代理商。

台灣啤酒

大量啟用當紅A咖藝人做廣告代言人。
EX:蔡依林、張惠妹、張孝全等

＋

開發新產品
(1) 金牌啤酒
(2) Mine啤酒
(3) 微果釀水果啤酒

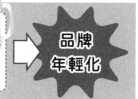

➡ 品牌年輕化

資生堂

推出「美人心機」新品系列，以年輕人為訴求對象

大量引用當紅知名且年輕藝人為廣告代言人

＋

大量媒體曝光

開始活用數位新媒體，吸引年輕族群

百貨公司專櫃銷售小姐，全面年輕化

➡ 品牌年輕化

麥當勞

改變Slogan:
I'm lovein' it!
我就喜歡！
迎合年輕人

新產品開發，在口味及種類上向年輕人傾斜

＋

廣告代言人一律用30歲以下的年輕藝人

加強採用數位媒體，做宣傳及培養粉絲群

➡ 品牌年輕化

TOYOTA汽車（國內市占率達30%）

開發年輕化的平價汽車

＋

Yaris
Altis
Vios
Wish

➡ 品牌年輕化

第 **13** 章
媒體企劃與媒體購買專題

Unit 13-1
媒體企劃與媒體購買的意義及媒體代理商存在的原因

一.「媒體企劃」的意義

1.Media planning：

「係指媒體代理商依照廠商的行銷預算，規劃出最適當的媒體組合（Media-Mix），以有效達成廠商的行銷目標；為廠商創造最大的媒體效益；此謂之媒體企劃。」

2.行銷預算→規劃有效果的媒體組合→展開執行。

二.「媒體購買」的意義

1.Media buying：

「此係據媒體代理商依照廠商所同意的媒體企劃案，以最優惠的價格向各媒體公司（例如：電視臺、報紙、雜誌、廣播、戶外、網路公司等），洽購好所欲刊播的日期、時段、節目、版面、次數及規格等。」

2.廠商行銷預算→交給媒體代理做媒體企劃及媒體購買→向各種媒體公司購買時段及版面以刊播廣告出來。

三.媒體代理商存在的原因

1.媒體代理商因為具有集中代理較大廣告量的優勢條件，因此可以向各媒體公司取得較優惠的廣告刊播價格。

2.如果是廠商自己去刊播，則必會花費更高的成本；故廠商大都透過媒體代理商代為處理媒體購買及刊播這一類的事。

3.媒體採購量大→有議價、殺價優勢→取得較低下廣告價錢。

4.廠商廣告主→直接向各種媒體公司購買版面、時段→較貴、成本較高。

5.廠商廣告主→透過媒體代理商購買→各種媒體公司→成本較低！較便宜。

6.另外，媒體代理商也有專業化的人才團隊及軟體分析設備，處理這方面的專業工作。

主要媒體代理商

國內主力媒體公司

① 凱絡Carat
② 貝立德
③ 媒體庫
④ 傳立
⑤ 實力

⑥ 奇宏
⑦ 優勢麥肯
⑧ 星傳
⑨ 宏將
⑩ 浩騰

廠商（廣告主）依賴8大類公司功能

(6) 設計公司
協助廠商做好產品設計、包裝設計、簡介設計、DM設計、店面設計、贈品設計、公仔設計等事宜

(7)數位行銷公司

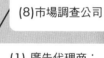

(8)市場調查公司

(1) 廣告代理商：
企劃、製作有吸引力的廣告與TVCF

(5) 店頭行銷公司
協助廠商處理全省各地賣場的店頭布置陳列、設計及廣宣的事宜

廠商
（廣告主）

(2) 媒體代理商：
規劃出最有效率的媒體組合計畫案，並取得較優惠的刊播成本、時段、節目及版面

(4) 活動公司
協助廠商舉辦中意活動的規劃案及執行案

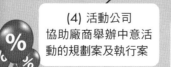

(3) 公關公司：
平常協助廠商做好與媒體界的公關關係，以利公關報導的露出以及協助舉辦一些記者會、發布會公關活動事宜

Unit **13-2**
媒體代理商的任務及媒體企劃步驟及內容項目

一.媒體代理商三大任務

1.媒體企劃（Media planning）　　　3.媒體研究（Media research）
2.媒體購買（Media buying）

二.媒體企劃／規劃的六步驟

1.蒐集基礎資料（產品及市場）　　4.決定媒體策略及媒體分配
2.訂定媒體目標及目的　　　　　　5.編制媒體預算分配表
3.考量目標視聽眾（TA）　　　　　6.安排媒體排期（cue表）

三.媒體策略的六大考量

1.各媒體選擇（choice）　　　　　5.觸及率及頻次策略
2.媒體組合（mix）　　　　　　　6.產品生命週期（PLC）
3.媒體比重（ratio）　　　　　　　7.有效傳達廣告訊息
4.媒體創意（invention）　　　　　8.有效擊中目標對象

四.媒體研究的七大工作

1.研究媒體概況（傳統媒體及新媒體）　5.觸及率及頻次策略
2.研究消費者樣貌、輪廓及媒體行為　　6.支援媒體企劃部門
3.研究產業經濟與市場狀況　　　　　　7.幫助客戶釐清行銷問題與方向
4.研究市場競品媒體策略

五.媒體企劃人員的工作與專業

（一）**研究消費者及研究產品**：這個產品的目標消費群是誰？幾歲？幾點在做什麼事？消費能力如何？在哪裡買這個東西？自己買嗎？決定買的因素為何？一次買多少？多少價格才會買？是否經常換品牌？經常接觸什麼媒體？產品的現況為何？

（二）**研究媒體**：各媒體的收視率多少？閱讀率多少？點閱率多少？收視群是誰？男女比例多少？每天收視次數多少？在哪個區域？閱聽人希望獲得什麼事？在哪些時間收看？工作性質為何？哪些天是收看的高峰期？

六. 對媒體購買的要求：Cost Down

廠商客戶→永遠追求市場媒體最低價格Cost Down（降低成本）→才算成功的媒體購買！

媒體代理商的職責：有效果地花錢

媒體企劃

媒體購買

媒體研究

→ 廣告主（廠商）請媒體代理商幫他做功課，幫他有效地花錢做廣告

→ 得到想要的成果及廣告投資報酬率、投資效益

媒體企劃、媒體購買的不同功能

（一）媒體企劃 → 幫客戶（廠商）找到消費者 → 最高的收視管道

（二）媒體購買 → 幫客戶找到媒介溝通組合管道 → 最低的成本管道

電視廣告購買企劃案撰寫項目

1.本案目標

5.此次購買頻道類型占比分析

9.各頻道預算配置金額及占比

2.競爭（競爭對手）播放量分析

6.本案TA（目標消費族群）

10.播放廣告的期間及日期起迄日

3.本案預算

7.此次購買頻道及節目分析

11.播放波段的策略

4.各類型電視頻道收視率表現統計分析

8.預計達成效益：GRP目標數Reach百分比Ferquency次數

12.其他項目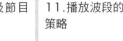

Unit **13-3**
媒體組合的意義及變化趨勢

一.為何要有「媒體組合」

(一)單一媒體→觸擊的目標消費群，可能會有一些侷限性。

(二)組合媒體運用→觸及到更多的目標TA，曝光率更高，傳播溝通效果可能會更好！

二.媒體組合（Media Mix）配比概念

(一)全方位媒體配比比例

EX：電視60%，網路30%，報紙3%，雜誌3%，廣播2%，戶外2%

(二)單一媒體配比比例（例如：只做電視廣告）

EX：新聞臺40%，綜合臺40%，國片臺10%，洋片臺10%

(三)單一媒體配比比例（例如：財經雜誌）

EX：商業周刊60%，天下20%，今周刊20%

三.媒體組合配比意義

1.配比愈多的媒體→表示該媒體的重要性及效益性就更高，要花多一些錢在該媒體。

2.配比愈小的媒體→表示該媒體的重要性及效益性就更低。

四.近來「媒體組合」的占比改變趨勢如何

1.電視媒體：占比大致維持不變！（一般而言，大致占40%～60%）

2.數位媒體（網路＋手機）：占比顯著性上升！（大致占30%～50%不等）

3.報紙媒體：占比持續顯著下滑、減少！（大致占0%～5%）

4.廣播媒體：占比持續顯著下滑、減少！（大致占0%～5%）

5.廣播媒體：占比略微下滑、減少！（大致占0%～5%）

6.戶外媒體：占比持平！（大致占5%～10%）

年輕人產品：數位媒體占比大幅上升

以年輕人為
TA的產品

例如：
・線上遊戲
・保養品
・日常消費品
・餐飲美食
・國內外旅遊觀光
・3C科技產品

運用數位媒體的
占比，有大幅上
升 趨 勢（ 從10%
提 高 到30%、
40%、50%、
60%）

為何數位媒體占比持續上升？

原因1	原因2	原因3
年輕人很少看報紙！很少看雜誌！很少聽廣播！	電視臺整體收視率也略微有些下滑（主因為20歲～30歲年輕人減少在客廳看電視了！）	使用網路、手機及平板電腦等新媒體的消費人口大幅增加了

數位媒體愈來愈重要！

從廣告量看：常態媒體組合分配的占比

	媒體別	每年廣告量	占比	
1	電視	200億	40%	合計占80%之高！
2	網路＋手機	200億	40%	
3	報紙	25億	5%	
4	雜誌	20億	4%	合計僅占20%！
5	廣播	15億	3%	
6	戶外	40億	8%	
	合計	500億	100%	

Unit 13-4
何謂GRP？GRP多少才適當？

一. GRP = Gross Rating Point

　　　= 總收視點數（廣告播出後之收視點數累積）

　　　= 收視率之累計總和

　　　= 總曝光率＝廣告總聲量

二. GRP即此波電視廣告播出之的收視率累計總和或總收視點數之和的意思。

三. 例如：某波電視廣告播出300次，每次均在收視率1.0的節目播出廣告，故此波電視廣告之GRP即為300次×1.0收視率＝300個GRP點數。

四. 又如：若在收視率0.5的節目播出300次，則GRP僅為150個。（300次×0.5＝150個）

五. 再如：若想達成GRP300個，均在收視率0.2的節目播出廣告，則總計應播出1,500次之多，才可以達成GRP300個。（GRP＝1,500個×0.2＝300個）

六. 總結，GRP愈高，則代表總收視點數愈高，此波電視廣告被目標消類族群看過的機會及比例也就愈大，甚至看過好多次。

七. 一般來說，每一波兩個星期播出電視廣告的GRP大概平均300個左右，就算適當了。此時，這一波的電視廣告預算大約在500萬元左右。

八. GRP300個，若在0.3收視率的節目，可以播出1,000次（檔）電視廣告的量，1,000次廣告播出量應算是不少了，曝光度也應該夠了，此數據為實務上的經驗真實數據。

九.每一波電視廣告GRP達成數只要適當即可，若太多了，可能只是浪費廣告預算而已。

Unit 13-5
何謂CPRP？CPRP金額應該多少？

一. CPRP＝Cost Per Rating Point

即每一個收視率1.0之廣告成本，每10秒計算。簡化來說，即每收視點數之成本。

二. CPRP（每10秒），即指電視廣告的收費價格。

三. 目前，大部分電視臺均採用CPRP（每10秒）保證收視率價格法；也就是，廠商有一筆預算要撥在電視廣告上，則會保證播出後，會依各節目收視率狀況，保證播到GRP總點數達成的原訂目標值。

四. 目前各電視臺的CPRP價格，大致在每10秒1,000元～7,000元之間，也就是說，每在收視率1.0的節目播出一次要收費1,000元～7,000元不等。若電視廣告片（TVCF）是30秒的，則要再乘以3倍。

五. 究竟CPRP（每10秒）多少價格，主要要看兩個條件：

(一)頻道屬性及節目以收視率高低

例如：新聞臺及綜合臺的CPRP收費就會較高，新聞臺每10秒大約在5,000元～7,000元之間，綜合臺每10秒大約在4,000元～5,000元之間。這是因電視臺及綜合臺的收視率較高之故。其他，像兒童卡通臺、新知臺、體育臺、日本臺則CPRP就較低，約在1,000元～2,000元左右。若是國片臺、洋片臺、戲劇臺則介於這兩者之間，即3,000元～4,000元之間。

(二) 淡旺季

例如：電視臺廣告旺季時，電視臺廣告業務部門就會拉高CPRP價格；反之，若廣告淡季時，CPRP價格就會降低。因為旺季時，大家搶著上廣告；淡季時，空檔就很多。電視臺廣告旺季約在每年夏季（6月、7月、8月）及冬季（11月、12月、1月）；而淡季則在每年春季（3月、4月）及秋季（9月、10月）。但，近年來發展，淡旺季現象已漸不明顯了，故每10秒CPRP的高低，幾乎全部看頻道的收視率高低而定。

六. 廠商（廣告主）通常都希望電視廣告價格可以下降，其意指CPRP的報價可以下降，例如淡季時，CPRP（每10秒）從7,000元降到5,000元，則廠商的電視廣告支出就可以節省一些。

CPRP意義

CPRP＝Cost Per Rating Point

↓

- 每一個收視率1.0之廣告成本；即每收視點數之成本

↓

指電視廣告的收費價格

CPRP的計價區間

CPRP（每10秒）
→1,000元～7,000元之內

↓

1. 主要看頻道類別、節目類別之收視率而定
2. 看廣告淡旺季而定

Unit **13-6**
GRP、CPRP、行銷預算之意義與三者間關係

一.行銷預算、CPRP、GRP三者關係

（一） GRP = Gross Rating Point = Reach×Frequence = 觸及率×頻次

1.此即電視廣告播出後，收視率之累計總和，或總收視點數之意、總曝光率之意。因為每個節目有不同收視率，故為累積總合。

2.即廣告播出之後，我們應該可以達到多少個總收視點數之和。

3.GRP愈高，代表總收視點數愈高，被消費者看到或看過的機會也就越大，甚至看過好次。

（二） CPRP = Cost Per Rating Point

1.此即每達到一個1.0收視點之成本，亦指電視廣告的收費價格之意。目前，每10秒之CPRP價格均在1,000元～7,000元之間。

2.目前，大部分業界均採CPRP保證收視率價格法。即廠商若有一筆預算要刊播在電視廣告上，則會保證播出後會依收視率狀況，保證播到GRP達成的目標值。

(三) 公式

1. CPRP＝總預算／GRP

2. GRP＝總預算／CPRP

3.總預算＝CPRP×GRP

EX：CPRP＝5,000元／每10秒

總預算＝500萬元；則GRP＝500萬元／5,000元

＝1,000個／30秒廣告＝333個GRP

故收視點數要達到1,000個GRP，但須除以30秒一支廣告片，故為333個GRP。如果放在收視率1.0的節目播出，則可以播出300次，若分散在5個新聞臺，則每臺播出60次。

(四) 一般而言，廠商每一波的電視廣告支出，不能少於500萬元，太少則消費者看不到幾次。大約500萬～1,000萬元之間為宜。

(五) 故如果每年有3,000萬元的電視廣告支出預算，則可以分配在三波～六波之間播出，平均每季一次，計四次；或上半年、下半年各一次。

(六) 另外，對於一個「新產品」正式上市推出，如果沒有花費3,000萬元以上電視廣告費，也會沒有足夠的廣告聲量出來，效果會不太大。因此，行銷要花錢的。

總收視點數（總收視率）

GRP＝ R　　　　X　 F
　　　 Reach　　X　 Frequency
　　　 觸達率　　X　 頻率

EX：總收視點數（總收視率）

係指：這支廣告每天在電視節目中播出100次，每個節目的收視率為0.3，則連續播出14天後，其GRP＝300點（即100次×0.3收視率×14天＝420點）

EX： GRP達成420點（R×F＝平均
　　　85%的人看過，平均看過5次，
　　　故85%×5次＝425點）

GRP愈高

上述代表平均有85%的觀眾看過此支廣告片，平均看過5次之多。
代表收看該節目的我們公司產品TA的人數及次數就愈多

看的人數及次數愈多，則對品牌傳播的效果及業績增加可能就會愈好！

不過

有效提升業績，電視廣告可能只是其中因素之一而已

其他因素還包括：產品力、促銷活動、店頭行銷、通路力、價格力、市場景氣、競爭狀況、外部競爭等諸多因素的總合；故業績力要提升，就必須整體的努力，而非單靠廣告一個項目。

Unit 13-7
媒體廣告效益分析

一.媒體廣告刊播的效益衡量指標

（一）廠商廣告主最在乎的是：

1.業績是否提升？提升多少？

2.品牌力是否提升？提升多少？

（二）媒體代理商只能保證：

1.GRP達成了沒有？

2.有多少人看過了廣告？平均看過幾次？

3.看過廣告的好感度、記憶度、印象度如何？

二.廠商（廣告主）對媒體廣告效益評估案例

EX：以統一茶裏王飲料為例

（一）假設去年

年營收20億元→廣告費支出4,000萬元

（二）今年目標

年營收預估成長10%，即22億元→廣告費支出增加到6,000萬元（增加2,000萬元廣告費）

（三）效益評估

營收增加2億×毛利率30%＝毛利額增加6,000萬元

廣告費淨支出增加2,000萬元。

6,000萬元－2,000萬元＝4,000萬元，淨利潤增加

故效益是好的。

三.廣告投入增加後

1.要看毛利額增加扣除廣告額增加後，是否有正數的獲利增加？

2.除了利潤是否增加外！

3.品牌知名度、指名度、喜愛度、忠誠度及形象等是否較以往有所增加？

4.總之，媒體組合投入後要看(1)業績量及獲利是否增加？(2)品牌力是否增加？

四.通力合作：廠商＋廣告公司＋媒體代理商

1.廣告（廣告主）

2.廣告公司

3.媒體代理商

三位一體密切開會通力合作。

營收及品牌力應隨媒體廣告投入而增加

金額

營收增加

品牌力上升

媒體廣告量投入

時間

媒體廣告刊播後，如何評估效益

廣宣效益（效果）

1. 銷售量、業績額是否有明顯上升，此最為重要
2. 新品牌知名度是否有上升
3. 既有品牌喜愛度、好感度、忠誠度是否維持
4. 企業優良形象是否上升
5. GRP總收視點數是否達成預計目標數（曝光效果）
6. 通路商的口碑肯定

媒體企劃及購買，也不是萬靈丹

五合一的努力，才能提高業績

| 1. 好的產品力 | + | 2. 具吸引力的電視廣告片（叫好又叫座） | + | 3. 正確的代言人及KOL網紅 | + | 4. 精準媒體組合企劃與購買 | + | 5. 促銷活動舉辦 |

· 才能創造業績長紅！
· 才能創自爆紅的品牌力！

Unit **13-8**
廣告預算、GRP、CPRP三者間關係與試算案例

一.三者關係之公式

1.廣告預算＝CRP×CPRP
2.GRP＝廣告預算／CPRP
3.CPRP＝廣告預算／GRP

二.案例計算

案例一　廣告預算多少＝CPRP×GRP

- 假設CPRP（每10秒）=6,000元
- 希望GRP（30秒）達到300個點
- 有一支TVCF（30秒）播放
- 則此波預算為：
  →6,000元×3×300點=540萬元
  →即預算=CPRP6,000元×3（30秒）×300點（GRP）=540萬元

案例二　廣告預算多少＝CPRP×GRP

- 若TVCF（40秒），則此波預算為：
  →6,000元×4（40秒）×300點=720萬元

案例三　GRP多少＝總預算／CPRP

- 若預算600萬元
- CPRP（10秒）為7,000元
- TVCF（30秒）
- 則此GRP（30秒）可達多少個？
  →GRP（10秒）=600萬元／7,000元=857點
  →GRP（30秒）=857點／3（30秒）=285點
- 故此時GRP（30秒）可達285個點

案例四 GRP多少?

- 若CPRP（10秒）為5,000元，TVCF為30秒
- 則CRP（10秒）＝500萬元／500元＝1,000個點
  →則CRP（30秒）＝1,000個點／3＝333個點
- GRP為333個點，表示TVCF可在收視率1.0的節目，播出333次（檔）；或在收視率0.5的節目裡，播出666次（檔）；或在收視率0.2節目就可播出1,665次（檔）。

廣告預算、GRP、GPRP三者間公式

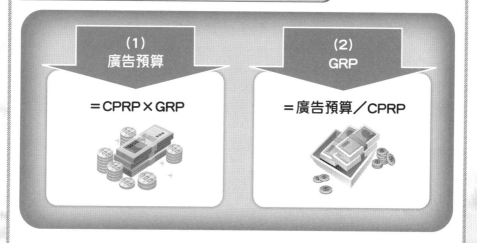

(1) 廣告預算

＝CPRP×GRP

(2) GRP

＝廣告預算／CPRP

廣告預算應多少試算

- 假設CPRP（每10秒）：6,000元
- 希望GRP（30秒）達到300個點
- 有一支TVCF（30秒）播出
- 希望在0.5收視率節目播出

則此波預算為：
6,000元×3×300點＝540萬元
則此波預算至少可播出600次！
（600次×0.5收視率＝300點）

Unit 13-9
電視廣告預算應該多少？電視廣告計價有哪二種方式？

圖解行銷學

一.電視廣告行銷預算應多少？

1.一般來說，打一波兩個星期的電視廣告，所花的行銷預算大約500萬元左右。若一年在3,000萬元預算，則可以按需要分開打六波廣告。

2.一般來說，電視廣告要有聲量，一年度至少應準備3,000萬元以上的預算才行，這是至少的額度。

3.至於打多少預算，則要看各行業、各品項的狀況及競爭對手的狀況而定了，沒有一定的標準金額。

4.但是，國內一些知名的領導品牌，像P&G、聯合利華、花王、統一企業、桂格、TOYOTA、統一超商、Panasonic、麥當勞……等，每年度的電視廣告預算，大致均花費1億～3億之間，這些公司都是持續性、長期性的投資品牌。

二.電視廣告計價的二種方式

1.電視廣告的計價方式，主要有二種：一是CPRP法保證收視率價格法；此為最常見的。二是檔購法（spot buy）；即可以指定專門在收視率較高的節目時段播出，例如：八點檔連續劇，但價格會貴一點。

2.一般來說，CPRP計價法是較常見的，至少占90%以上，均採CPRP法；而檔購法比較少見，但也有搭配檔購法的，其主要目的，是為了保證在高收視八點檔連續劇的節目裡，可以看到廣告播出。但檔購法價格比CPRP法貴一點。

電視廣告預算應多少

打一波二個星期的電視廣告花費約500萬元！

一個年度電視廣告至少要3,000萬元以上才夠！

電視廣告計價二種方式

(1) CPRP 保證收視率 計價法 （最常用到）

或

(2) 檔購法 (Spot Buy) （比較少見）

Unit 13-10
電視廣告購買相關問題

一.電視廣告要求播出時段價比

依收視率來看，逢週五、週六、週日時的收視率是較高的；另外，晚上（6：00～10：00）及中午（12：00～13：00）黃金時間（Prime time，簡稱PT黃金時段）的收視率，是比早上及下午時段的收視要高的。因此，通常廣告主會要求在這些主力時段播出的廣告量，至少要占70%，以確保更多的目標族群看到廣告播出。（Prime Time：即每天收看電視的主力黃金時段，簡稱PT時段）

二.看過廣告的人占比及看過多少次

1. CPRP價格法，應會計算出此波廣告GRP達成狀況下，您的目標消費群會有多少比例看此廣告，以及平均會看過幾次。
2. 一般來說，大概在目標消費群中會有60%～80%的人會看過此支廣告，而且平均看過4次以上。

三.每小時廣告可以多少？

依據廣電法規規定，目前電視每1小時可以有10分鐘播出廣告，占比為六分之一。通常，晚上時段會是夠10分鐘廣告量，白天早上及下廣告量會不足，故電視臺會在早上及下午時段，播出一些節目預告內容以補充時間。

四.收視率是如何來的？

1. 電視收視率是美商尼爾森公司（Nilsen）在臺灣找到2,200個家庭，與他們家庭協調好在家中裝上尼爾森公司一種收視率計算硬體盒子，只要開啟電視，即會開始統計收視率。
2. 當然，這2,200個家庭分布也是考量全臺灣的不同收入別、不同職業別、男女別、不同年齡層別而合理化裝置的。

五.收視率1.0代表多少人收看？

1. 收視率1.0，代表全臺灣同時約有20萬人在收看此節目。
2. 計算依據是：
   1/100：代表1.0的收視率
   2,000萬人口：代表全臺灣扣除小孩子（嬰兒）以外的總人口。
   故1/100×2,000萬人＝20萬人

六.電視頻道的屬性類別

1. 目前電視的頻道類型，主要有下列：(1)新聞臺；(2)綜合臺；(3)戲劇臺；(4)國片臺；(5)洋片臺；(6)日片臺；(7)運動臺；(8)新知臺；(9)卡通兒童臺。
2. 其中，以新聞臺及綜合臺為較高收視率的前2名，其廣告量已較多，CPRP的價格也較高，大致每10秒在4,500元～7,000元之內。
3. 新聞臺的收看人口屬性，以男性略多些，年齡大一些居多。而有連續劇及綜藝節目的綜合臺則以女性人口略多些，年齡較年輕些。
4. 根據預估，新聞臺（有8個頻道）及綜合臺（有20個頻道），這兩大重要頻道的廣告量及收視率及占全部的70%～80%之多，故是最主流的頻道類型。

七.有線電視頻道家族有多少？誰廣告營收最高？

1. 目前國內主要的有線電視頻道家族，包括有：(1)TVBS；(2)東森；(3)三立；(4)中天；(5)八大；(6)緯來；(7)福斯（FOX）；(8)民視；(9)非凡；(10)年代。
2. 若以年度廣告總營收來看，三立及東森、TVBS依序居前三名。三立每年廣告收入為37億元，東森為33億元，TVBS為21億元。

八.TVCF廣告片秒數多少？

1. 電視廣告片（TVCF）是以5秒為一個單位的，但一般來說TVCF的秒數，平均是20秒及30秒居多；10秒及40秒的也有，不過少一些。
2. 由於TVCF是依CPRP每10秒計價，因此，秒數越多，就越貴；因此，考量價格及觀看人的收看耐性，TVCF仍以20秒及30秒最為適當。

九.電視廣告的效益如何？

1. 一般來說，電視廣告播出後，主要的效益仍是在「品牌影響力」這個效益上。包括：品牌知名度、品牌認同度、品牌喜愛度、品牌忠誠度等提高及維繫。
2. 其次的效益，則是對「業績」的提升，也有可能帶來一部分的效益，但不是絕對的。
3. 因為，業績的提升是涉及到產品力、定價力、通路力、推廣力、服務力以及競爭對手與外在景氣現況等為主要因素，絕不可能一播出廣告，業績馬上就提升的。
4. 但，如果長期都不投資電視廣告，則品牌力及業績都可能會逐漸衰退的。

十.電視廣告代言人效益

1. 一般來說，如果電視廣告搭配正確的代言人，通常廣告效益會提高不少。
2. 因此，如果廠商行銷預算夠好的話，最好能搭配正確的代言人為佳。
3. 目前，就受歡迎且有效益的代言人有：(1)蔡依林；(2)周杰倫；(3)楊丞琳；(4)林依晨；(5)金城武；(6)王力宏；(7)林心如；(8)田馥甄；(9)曾之喬；(10)林志玲；(11)張鈞甯；(12)桂綸鎂；(13)謝震武；(14)吳念真；(15)吳慷仁；(16)陶晶瑩；(17)隋棠；(18)郭富城；(29)Selina（任家萱）；(20)Ella（陳嘉樺）；(21)Janet（謝怡芬）；(22)陳美鳳；(23)吳珊儒；(24)許光漢；(25)LuLu（黃路梓茵）。

2021年度臺灣媒體代理商概況

順序	公司名稱	員工人數	母公司
1	貝立德	174人	日本電通
2	凱絡媒體	186人	日本電通
3	媒體庫	110人	Group M/WPP
4	傳立媒體	203人	Group M/WPP
5	宏將媒體	130人	（本土）（台灣）
6	實力媒體	128人	Public Group
7	競立媒體	98人	Group M/WPP
8	星傳媒體	145人	Public Group
9	浩騰媒體	75人	Omnicom（奧姆尼康）
10	彥星傳播	74人	（本土）（台灣）
11	艾比傑	48人	IPG
12	博崍媒體	40人	（本土）
13	奇宏媒體	40人	Omnicom（奧姆尼康）
14	博報堂	22人	日本博報堂
媒體分配占比	①電視：40%　②網路＋智慧型手機：40%　③報紙：5%　④戶外：8%　⑤雜誌：4%　⑥廣播：3%		

第 14 章

網路廣告專有名詞

●●●●●●●●●●●●●●●●●●●●●●●● 章節體系架構 ▼

Unit 14-1
網路行銷時代，必經學習的七大知識與工具

一.網路行銷的時代必備：社群經營觀念

社群經營是進行網路行銷前的必備概念，一定要先認識如何在網路上進行社群經營，才有辦法使用好工具。

二.臺灣主流應用社群平臺：FB（Facebook）

FB的使用是絕對要學的網路行銷經營，個人帳號的利用或者投放FB廣告，目前網路行銷有很大的占比會是FB行銷的使用上。當我們在FB上面開始進行各式各樣的點擊時，其實就是在幫FB累積數據，因為每一個點擊就代表著我們的習慣、行為或興趣，當這些都被記錄之後，我們的每一個帳號就代表著我們可能會做的決定有哪些或消費行為有哪些。

FB投放就是如此產生了。

三.以圖像溝通為主的新興年輕社群：IG（Instagram）

IG算是一個新興的社群平臺，2012年被FB收購了，IG的特性屬於純照片分享社群，是時下年輕人（15～30歲）最愛用的社群工具。IG未來可能會超越FB的使用性。

四.全臺灣廣為使用的通訊軟體：LINE

LINE是目前臺灣最大的通訊軟體，約有1,800萬的用戶，只要有智慧手機的人，幾乎會有一個LINE帳號。一般而言，LINE@生活圈及LINE企業官方帳號均可進行網路行銷。

五.行之有年的內容行銷平臺：部落格行銷

部落格基本上是內容創作，利用有深度的內容來進行粉絲建立與建立部落客的影響力。網路上有影響力的人，通稱為意見領袖，包括網紅（網路紅人）、知名部落客等均屬之。

六.全球最大搜尋引擎及聯播網平臺：Google

Google的關鍵字搜尋及聯播網廣告是常見的網路行銷之一。

七.全球最大影音平臺：YouTube

YouTube已成為全球最大影音平臺！

網路行銷時代7大知識與工具

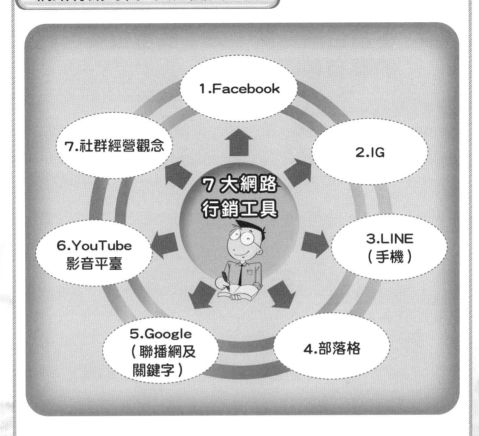

網路行銷的意見領袖

Unit 14-2
下數位廣告前，先了解數位廣告評估的專有名詞

一.CPM（Cost per Mille）

CPM指的是每千人曝光成本

公式：每1,000人曝光成本＝廣告成本／曝光量×1,000

例如：某廣告有20,000人看過，花費是300元，故每1,000人曝光成本CPM為15元。

目前，FB及IG，新聞網站，均採用CPM計價，每個CPM在100元～300元之間。

二.CPC（Cost per Click）

CPC指的是每一個點擊成本

公式：點擊成本＝廣告成本／總點擊數

例如：某廣告有100個點擊，花費是300元，300／100＝3，故CPC＝3元。

目前，Google聯播網廣告及部分FB、IG，採用CPC計價，每個CPC約在8元～10元。

三.CTR（Click through Rate）

CTR指的是點擊率

公式：點擊率／曝光數

例如：某廣告曝光10,000次及部分FB、IG，有100個人點擊此廣告，故100／10,000＝0.01，故CTR為1％。

四.CPA（Cost per Action）：每個有效行動的成本

公式：廣告成本／訂單量

例如：投放了1,000元的廣告，獲得10張訂單，那每張訂單的成本就是1,000／100＝100，CPA＝100。

適用：這個是電商公司較常使用的公式，但在實體店面較不易使用。

五.轉換率：點擊與成交的比例（Conversion Rate）（簡稱CVR或CR）

公式：轉換率＝成交單數／點擊數

例如：有1,000個人點擊某個網站連結，成交了20張單，轉換率即是20／1,000＝2％，轉換率2％。

六.ROI或ROAS（Return on advertising spending）：廣告投資報酬率

公式：廣告投放獲取營收／廣告成本

例如：投放1,000,000元的廣告獲得5,000,000元的營收，故ROAS＝500萬／100萬＝5。

七.CPV（Cost per View）

CPV係指每一個觀看之成本。

例如，目前YouTube每一個觀看成本為1元～2元，若有50萬人觀看次數則須付50萬元～100萬元廣告費。

FB、IG、YT、Google四大平臺的廣告專有名詞

1.CTR
（點擊率）

2.CPM
（每千人曝光成本）

3.CPC
（每一個點擊成本）

4.CPV
（每一個觀看成本）

其他廣告專有名詞

CPA（每個有效行動的成本）

Conversion Rate（轉換率；CVR或CR）

ROAS（廣告投資報酬率）

Unit 14-3
數位廣告效益的實例（萊雅髮品行銷）

　　根據詢問萊雅公司負責髮品行銷的行銷專員表示，實務經驗如下：

　　1. 萊雅髮品的每年度行銷廣告費，約為髮品年度營收額的5%左右。

　　2. 廣告費的90%之多，幾乎投放在Digital（數位廣告）上；因為該公司髮品的TA（目標族群）主要以年輕女性為主力。因此，電視廣告幾乎很少投放。

　　3. 數位廣告的投放項目，以FB及IG廣告為主，YouTube為次要，第三則為Google及LINE等，五種占掉絕大部分。

　　4. 但是，萊雅也不是單純投放數位廣告，而是搭配促銷活動的舉辦。因此，促銷型廣告的呈現占最大比例。此種「數位廣告＋促銷活動」的模式，很有效果，每次都能提高至少二成以上的業績成效。

　　5. 萊雅一年打八波促銷型數位廣告，都能有效拉高業績。

　　6. 最近幾年，萊雅也引進網紅KOL行銷的推薦手法。最初，KOL網紅們只是做些社群媒體平臺上的廣告宣傳及品牌聲量；但後來，逐步轉到促銷檔期的搭配宣傳，甚至於找KOL網紅來直播導購／銷售商品，結果成效也很好。

萊雅髮品行銷：90%廣告費投放在數位廣告上

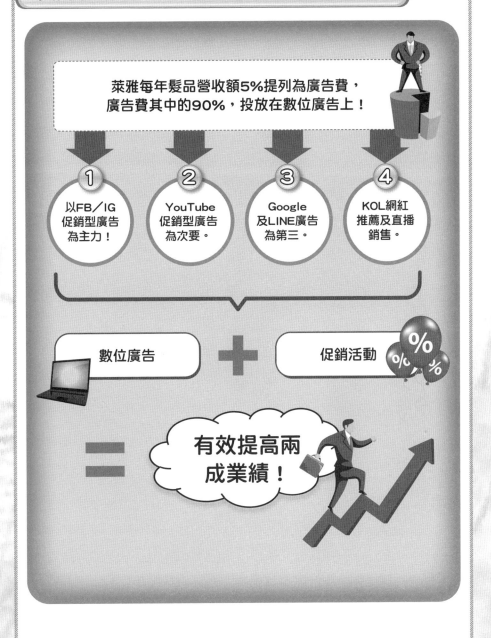

萊雅每年髮品營收額5%提列為廣告費，
廣告費其中的90%，投放在數位廣告上！

① 以FB／IG
促銷型廣告
為主力！

② YouTube
促銷型廣告
為次要。

③ Google
及LINE廣告
為第三。

④ KOL網紅
推薦及直播
銷售。

數位廣告 ＋ 促銷活動

＝ 有效提高兩
成業績！

第 15 章

行銷致勝完整架構圖示

（綜合整理，完整呈現）

一.行銷致勝整體架構圖示（之一）

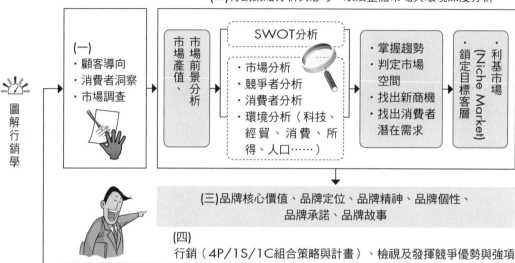

(二)行銷策略分析與思考，以及整體市場與環境深度分析

圖解行銷學

(一)
- 顧客導向
- 消費者洞察
- 市場調查

市場產值、市場前景分析

SWOT分析
- 市場分析
- 競爭者分析
- 消費者分析
- 環境分析（科技、經貿、消費、所得、人口……）

- 掌握趨勢
- 判定市場空間
- 找出新商機
- 找出消費者潛在需求

- 鎖定目標客層
- 利基市場(Niche Market)

(三)品牌核心價值、品牌定位、品牌精神、品牌個性、品牌承諾、品牌故事

(四)
行銷（4P/1S/1C組合策略與計畫）、檢視及發揮競爭優勢與強項

(五)
- 行銷資源投入（大公司）
　　＋
- 編訂行銷預算與損益預算
　　＋
- 行銷目標訂定
　　＋
- 6W/3H/1E
　　＋
- 外部公司協助（廣告公司、媒體代理商、公關公司、活動公司、數位行銷公司、設計公司……）

(1)產品力　(2)通路力　(3)價格力　(4)服務力　(5)促銷活動力　(6)人員銷售組織力　(7)整合行銷傳播力　(8)CSR企業社會責任

- TVCF
- NP
- MG
- RD
- OOH(戶外)
- In-store
- Internet
- PR(公關報導)
- Event
- CRM
- Slogan
- 話題行銷
- 置入行銷
- 口碑行銷
- VIP行銷
- 公仔行銷
- 娛樂行銷

- 異業行銷
- 贊助行銷
- 運動行銷
- 旗艦店行銷
- 代言人行銷
- 故事行銷
- 直效行銷
- 集點行銷
- 派樣
- 社群行銷
- 公益行銷
- 體驗行銷
- FB行銷(粉絲行銷)
- LINE行銷
- IG行銷
- KOL、KOC網紅行銷

- U.S.P
- 物超所值
- 差異化
- 品質力
- 滿足需求
- 設計創新
- 附加價值
- 多品牌策略
- 特色化
- 超越抗爭對手
- 技術創新領先

- 合理性
- 平價奢華
- 降低成本

- 多元通路/上架
- 多頭並進
- 直營門市店
- 加盟店經營
- 虛實並進(OMO)

296

(六)行銷執行力＋精準行銷

(七)行銷成果與行銷效益的不斷檢討

(八)行銷策略與行銷計畫的不斷調整、應變、精進與創新（因應變化）

二.行銷致勝整體架構圖示（之二）

(一)顧客導向

(1)SWOT分析
(2)3C分析(Consumer、Competitor、Company)
(3)商機與威脅
(4)外部環境分析
(5)Consumer Insight(消費者洞察)

(二) S-T-P架構分析

(1)S：區隔市場、分眾市場
(2)T：鎖定目標客層
(3)P：產品定位、品牌定位、市場定位

(三) 行銷策略

(1)展店策略　　(2)品牌年輕化　(3)通路多元化
(4)廣告宣傳　　(5)促銷活動　　(6)低價
(7)專注市場　　(8)差異化特色　(9)新品上市
(10)其他(代言人策略、提高店質、提升價值)

(四) 年度損益預算

(1)營收預算　　　(2)成本預算　　　(3)費用預算
(4)損益預算　　　(5)廣宣與媒體預算

(五) 服務業行銷組合 8P/1S/2C

(1)產品力(Product)　　(2)價格力(Price)
(3)通路力(Place)　　　(4)推廣力(Promotion)
(5)公關力(PR)
(6)實體環境力(Physical environment)
(7)人員銷售(Personal sales)
(8)作業流程(Process)
(9)服務(Service)
(10)顧客關係管理(CRM)
(11)企業社會責任(CSR)

(六) 年度行銷預算 制訂與檢討

(1)媒體組合的規劃
(2)媒體預算的統購(媒體代理商)

(七) 行銷效益分析

(1)營收　　　　　(2)獲利　　　　(3)營收及獲利預算達成狀況
(4)市占率　　　　(5)心占率　　　(6)各項排行
(7)新品上市成功率　　　　　　　(8)品牌知名度
(9)每天、每週、每月檢討行銷績效及數據分析

(八) 顧客滿意分析

(1)顧客滿意度(Customer Satisfaction) 的維持與提升

(九) 顧客忠誠度

(1)顧客忠誠度、再購度的維持與提升

三.品牌行銷致勝整體架構圖示（之三）

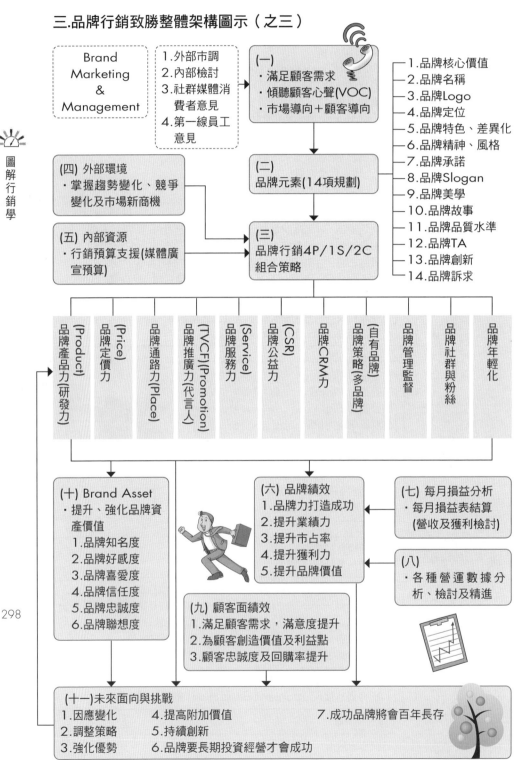

Brand Marketing & Management

1. 外部市調
2. 內部檢討
3. 社群媒體消費者意見
4. 第一線員工意見

（一）
・滿足顧客需求
・傾聽顧客心聲(VOC)
・市場導向＋顧客導向

1. 品牌核心價值
2. 品牌名稱
3. 品牌Logo
4. 品牌定位
5. 品牌特色、差異化
6. 品牌精神、風格
7. 品牌承諾
8. 品牌Slogan
9. 品牌美學
10. 品牌故事
11. 品牌品質水準
12. 品牌TA
13. 品牌創新
14. 品牌訴求

（四）外部環境
・掌握趨勢變化、競爭變化及市場新商機

（二）
品牌元素(14項規劃)

（五）內部資源
・行銷預算支援(媒體廣宣預算)

（三）
品牌行銷4P/1S/2C組合策略

- (Product)品牌產品力(研發力)
- (Price)品牌定價力
- 品牌通路力(Place)
- (TVCF)(Promotion)品牌推廣力(代言人)
- (Service)品牌服務力
- (CSR)品牌公益力
- 品牌CRM力
- (自有品牌)品牌策略(多品牌)
- 品牌管理監督
- 品牌社群與粉絲
- 品牌年輕化

（十）Brand Asset
・提升、強化品牌資產價值
1. 品牌知名度
2. 品牌好感度
3. 品牌喜愛度
4. 品牌信任度
5. 品牌忠誠度
6. 品牌聯想度

（六）品牌績效
1. 品牌力打造成功
2. 提升業績力
3. 提升市占率
4. 提升獲利力
5. 提升品牌價值

（七）每月損益分析
・每月損益表結算(營收及獲利檢討)

（八）
・各種營運數據分析、檢討及精進

（九）顧客面績效
1. 滿足顧客需求，滿意度提升
2. 為顧客創造價值及利益點
3. 顧客忠誠度及回購率提升

（十一）未來面向與挑戰
1. 因應變化
2. 調整策略
3. 強化優勢
4. 提高附加價值
5. 持續創新
6. 品牌要長期投資經營才會成功
7. 成功品牌將會百年長存

圖解行銷學

298

四、「萊雅彩妝／保養／美髮品」品牌行銷致勝的完整架構圖示（實務）

茲圖示臺灣知名的萊雅（L'Oreal）彩妝、保養、美髮品之品牌行銷致勝的完整架構圖示，如下：

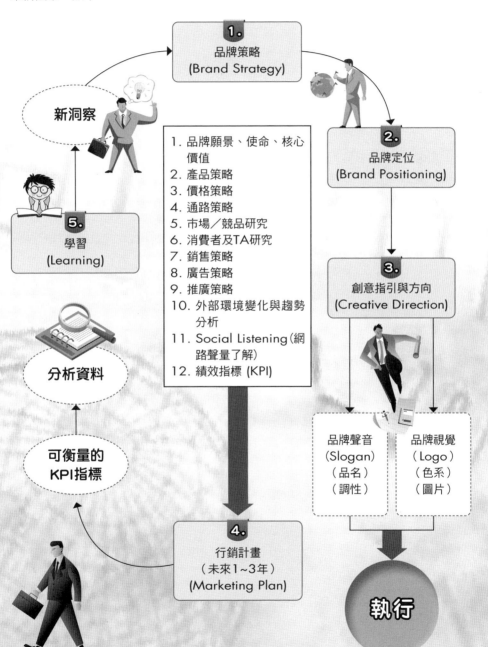

提高行銷致勝力：
市場行銷所面臨的
十四項問題與策略

● 章節體系架構

〈策略1〉
如何提高消費者忠誠度（Customer Loyalty）

一.高忠誠度的好處

1.可以穩固每月業績、營收額。
2.可以穩固市占率。
3.可以穩固品牌影響力。
4.可以應付市場激烈的競爭壓力。

二.高忠誠度（高市占率）的品牌案例（市佔率20%～40%）

1. City Café
2. TOYOTA汽車
3. 光陽機車
4. 桂格燕麥片
5. 統一瑞穗鮮奶
6. 桂冠冷凍食品
7. Panasonic家電
8. 象印小家電
9. 黑人牙膏
10. 華航

11. LV精品
12. 全聯超市
13. 賓士高級轎車
14. 新光三越／遠東SOGO百貨
15. UNIQLO服飾及NET服裝
16. 舒潔衛生紙
17. 櫻花廚具
18. 星巴克咖啡
19. 麥當勞
20. 樂事洋芋片

21. 萬歲牌腰果
22. 可口可樂
23. 統一陽光豆漿
24. 日立冷氣機
25. Asus筆電
26. iPhone手機
27. 家樂福量販店
28. dyson吸塵器

三.如何提高顧客忠誠度策略

1.**發行會員卡**（貴賓卡、紅利集點卡）策略，例如：全聯發1,000萬張卡、家樂福600萬張卡、屈臣氏600萬張卡、誠品書店250萬張卡、寶雅600萬卡……等。
2.**促銷回饋策略**：定期舉辦促銷優惠活動，回饋消費者，讓顧客有感。
3.**產品力策略**：在產品力的根本上，要不斷推陳出新與不斷升級。
4.**高端服務策略**：持續提升服務等級，推出令人感動及驚喜的高端貼心服務。
5.**多品牌策略**：以迎合喜歡經常更換品牌的消費者。
6.**多價位策略**：以高、中、低價位迎合不同消費力的顧客變化。
7.**深化關係策略**：服務業要深化顧客與業務人員及門市人員間的良好互動關係。
8.**高CP值策略**：定價方面仍須注意高CP值與物超所值感受，顧客才會有好口碑。
9.**物美價廉策略**：「物美價廉」仍是顧客忠誠度最重要的根本法則；物美即指產品力要好；價廉則指價格力要好。

高忠誠度的好處、有利點

- 1.
可以穩固
每月業績、
營收額！

- 2.
可以穩固
市占率！

- 3.
可以穩固
品牌
影響力！

- 4.
可以應付
市場激烈的
競爭壓力！

提高顧客忠誠度的9大策略

1.發行會員卡策略

2.定期舉辦促銷活動、回饋顧客策略

3.產品要不斷推陳出新策略

4.推出高端服務策略

5.推出多品牌策略

6.深化門市店員與顧客良好關係

7.推出多價位策略

8.高CP值定價策略

9.物美價廉策略

〈策略2〉
後發品牌如何突圍

一.後發品牌的困境與問題

1.品牌知名度仍低、仍不足。

2.在大型通路上架不易、有困難。

3.定價不易拉高。

4.業績成長緩慢。

5.既有市場已被牢牢鞏固，不易進入。

6.產品缺乏獨家特色，差異化不顯著。

7.消費者對品牌的信賴度尚未建立。

8.進入門檻高。

二.後發品牌的案例

例如：OPPO手機、VIVO手機、太和工房隨身瓶、宏佳騰機車、原萃綠茶、小米手機、春心茶、露易莎咖啡、阿芳手搖飲、日出茶太珍珠奶茶、全植媽媽洗衣精、Trivago訂房網、蝦皮購物網、享食尚滴雞精、中國瑞幸外送咖啡、Crest牙膏、Ariel洗衣精、蘭諾洗衣球……等。

三.後發品牌突圍的十大行銷策略

1.要有特色策略、差異化策略。

2.低價（平價）策略。

3.強打電視廣告策略，短時間內強力拉抬品牌知名度。

4.加速通路拓展策略。

5.大打促銷活動策略。

6.新聞話題炒熱策略。

7.高品質（高質感）策略。

8.客製化、頂級、一對一的高端服務策略。

9.鎖定分眾（小眾）策略。

10.利用適當且成功的藝人、網紅KOL、代言人策略。

後發品牌的行銷困境

1.
品牌知名度
不足！

2.
大型通路
上架不易！

3.
定價
不易拉高！

4.
業績成長
緩慢！

5.
既有市場
被占住！

6.
產品缺乏
獨家特色！

後發品牌突圍的10大行銷策略

1.特色策略	6.新聞話題炒熱策略
2.低價策略	7.高品質、高質感策略
3.強打電視廣告策略	8.高端服務策略
4.加速通路拓展策略	9.鎖定分眾策略
5.大打促銷優惠活動	10.藝人、網紅、代言人策略

〈策略3〉
如何選擇有效的代言人

一.代言人成功案例

金城武（中華電信、長榮航空）、林志玲（浪琴錶）、謝震武（桂格人蔘雞精）、桂綸鎂（City Café）、蔡依林、林心如、張鈞甯、林依晨、楊丞琳、趙又廷、陶晶瑩、許瑋甯、陳美鳳、吳念真、白冰冰、周杰倫、田馥甄、Ella、Selina、隋棠、賈靜雯、曾之喬、吳珊儒、盧廣仲、蕭敬騰、許光漢、郭富城、徐若瑄、戴資穎、劉德華、王力宏……等。都是很成功的藝人代言人。

二.成功代言人的好處

1.短時間內能夠提升品牌知名度與喜愛度。
2.對業績也有正面助益。
3. 電視廣告具有吸睛力。

三.選擇適當且對的藝人代言人三要件

1.要有高知名度。
2.要形象良好、親和力高。
3.代言人的個人特質應與產品屬性一致、相契合。
4. 具有正面新聞話題性（如：金馬獎、金鐘獎、金曲獎得獎人）。

四.妥善代言人的配套計畫

1.要拍攝一到三支成功的、吸引人的TVCF（電視廣告片）。
2.要舉辦大型的代言人記者會、發布會。
3.要搭配代言人公關活動進行。
4.要盡量使品牌及代言人在媒體上同時曝光與被報導。
5.要拍攝幾組照片，以用在通路海報、人形立牌、公車、捷運戶外廣告。

306

五、代言人效益分析

代言人的效益分析主要看兩點：一是代言期間的品牌知名度、指名度、喜愛度、形象度及信賴度是否有顯著提升；二是代言期間內，對業績的提升與成長是否有明顯助益。

藝人代言人成功4要件

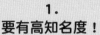

1.
要有高知名度！

3.
代言人特質需
與產品屬性
相一致！
相契合！

2.
要形象良好且
具親和力！

4.
要有正面新聞
話題性！

代言人效益分析2大面向

1.提升品牌力效益！（品牌知名度、形象度、指名度、喜愛度、信賴度）

＋

2.提升業績效益！（比以往每月業績有顯著提升）

〈策略4〉
如何面對品牌的低知名度

一.品牌知名度低的困境與不利點

1.消費者對此品牌的認知度很低及信賴度也很低。

2.業績不易抬升，始終在低檔。

3.業績不足，故每月虧損。

4.將面對大型通路商的下架壓力，或置放在不好的陳列空間。

5.最後可能會放棄此品牌。

二.應對策略

1.**廣宣預算策略**：一定要提撥固定的行銷預算做為品牌廣宣預算之用。否則，巧婦難為無米之炊。所以，任何新品牌上市，前兩年要有心理準備，面對可能是虧損經營的狀況，最主要是由於廣宣預算的支出很大。

2.**電視廣告策略**：任何品牌要短時間內打響品牌知名度，就只有利用電視廣告，再搭配便宜的戶外公車廣告輔助。

3.**試吃、試喝策略**：可在各大型賣場舉辦試吃、試喝活動，以吸引人注目，例如：在Costco、家樂福週末便常見到試吃、試喝的品牌攤位。

4.**促銷優惠策略**：可配合各大賣場，舉辦買一送一促銷活動，優惠首次購買的消費者。

5.**體驗活動策略**：可舉辦戶外的大型體驗行銷活動，增加消費者接觸與認識品牌的機會。

6.**媒體報導策略**：可搭配廣告宣傳預算，能夠在各大媒體多加報導，增加品牌露出機會與聲量。

7.**KOC策略**：可利用數十位KOC（微網紅、小網紅、素人網紅）在三大社群平臺上的介紹與推薦，以吸引他們的忠誠粉絲群，並增加品牌曝光度。

品牌知名度低的困境

1. 消費者對此品牌的認知度與信賴度均低！

2. 業績不易拉抬，始終在低檔！

3. 業績不足而每月虧損！

4. 面對通路商下架壓力！

品牌知名度低的6大因應策略

1. 廣宣預算策略	4. 促銷優惠策略	7. KOC策略
2. 電視廣告策略	5. 體驗活動策略	
3. 試吃、試喝策略	6. 媒體報導策略	

〈策略5〉
如何面對市場的高度競爭

一.高度競爭的困境與問題

1.市場大餅會被諸多競爭者瓜分掉，營收額不易成長，反而會下降。

2.市場價格不易上升，反而會下降。

3.市場占有率可能會因競爭而下降。

4.由於競爭與進入門檻低，故新進入的競爭者會不斷增加。

二.案例

下列是國內競爭非常激烈的各行各業，例如：

1.啤酒市場　　　　　　7.手搖飲料市場

2.罐裝茶飲料市場　　　8.保養品市場

3.洗髮精、沐浴乳市場　9.仲介房屋市場

4.洗衣精市場　　　　　10.衛生紙市場

5.冷凍食品市場　　　　11.老年保健食品

6.餐廳市場　　　　　　12.雞精市場

三.因應對策

1.**多品牌策略**：可推出雙品牌或多品牌，例如：P&G、聯合利華、萊雅、統一企業等公司均推出多品牌。

2.**產品升級策略**：產品要不斷推陳出新、改良、升級。例如：iPhone手機從iPhone第一代到最新的iPhone 13，確保產品力的領先。

3.**產品多角化策略**：亦可增加產品組合，勿停止在單一產品，朝向產品組合多角化、多元化、延伸化，以避開既有產品的激烈競爭。

4.**促銷策略**：適時推出促銷活動，回饋消費者，善用消費者的高忠誠度來應對市場的激烈競爭。

5.**廣宣預算策略**：廣宣預算不可減少，特別是電視與網路廣告投入是必要的，可確保在激烈競爭中的品牌力維持。

6.**朝兩極化發展**：產品可朝兩極化發展，一方面朝高價市場；一方面朝低價市場。

高度市場競爭的困境與問題

1. 市場大餅被諸多競爭者瓜分！

2. 市場價格因競爭而下滑！

3. 市占率因競爭而下降！

4. 新進入者不斷出現！

高度市場競爭的應對策略

1. 推出多品牌策略

2. 產品升級、改良策略

3. 產品多角化策略

4. 促銷策略

5. 廣宣預算策略

6. 定價朝兩極化發展策略

〈策略6〉
如何面對品牌老化

一.品牌老化的不利點

1. 產品可能會被通路下架。
2. 目標客層同步老化。
3. 銷售額、市占率衰退。
4. 獲利衰退，甚且開始不賺錢。
5. 產品可能被退出市場。
6. 對組織士氣有不利影響。

二.如何預防品牌老化

1. 行銷人員每年須用心觀察並注意目標客層、銷售量、市占率、品牌形象、獲利等是否有衰退、下滑的趨勢。
2. 注意消費者的回饋與意見，並加思考對策因應。

三.品牌年輕化的對策

1.**品牌重新定位策略(Repositioning)**：亦即調整、改善品牌的定位。

2.**推出新產品策略**：為了搭配前述品牌定位的改變，因此，也需推出嶄新年輕化產品上市，讓年輕消費者有驚喜感，滿足年輕人的需求。

3.**找最佳藝人及網紅代言策略**：為了讓推出的新產品一炮而紅，找到年輕最佳藝人及網紅作為產品代言人，更能引起消費者的注目。

4.**廣告年輕化策略**：電視廣告拍攝手法需是年輕人喜歡的，拍出令年輕人注目且叫好又叫座的成功電視廣告。

5.**定價高CP值策略**：新產品的定價須讓年輕人有高CP值之感。

6.**產品設計、包裝年輕化策略**：產品推出在設計、包裝等風格及視覺上要有年輕感。

7.**加強社群媒體操作策略**：年輕人普遍使用社群媒體，這方面需有適當的專人來負責。例如：臉書、IG、LINE、YouTube等。

8.**體驗行銷策略**：多舉辦年輕人喜歡的愉快與娛樂的體驗行銷活動，以引起年輕消費者對品牌的好感度。

如何預防品牌老化

① 行銷人員每年都必須用心觀察銷售量、市占率、品牌形象、目標客群、營收獲利是否逐步下滑中！

② 要多注意消費者的反應與意見！

品牌年輕化的8策略

1. 品牌重新定位策略

2. 推出新產品策略

3. 找最強藝人及KOL網紅代言策略

4. 廣告年輕化策略

5. 定價高CP值策略

6. 產品設計、包裝年輕化策略

7. 加強社群媒體操作策略

8. 體驗行銷策略

〈策略7〉
如何確保及持續市場第一品牌的領導地位

一.第一品牌的有利點

1.市占率最高。

2.保有較競爭對手為高的營收額及獲利額。

3.握有定價的領導權。

4.擁有生產量規模經濟效益。

5.品牌地位排名最高。

二.案例

1.手機：iPhone

2.汽車：TOYOTA

3.機車：光陽

4.洗髮精：飛柔

5.鮮奶：瑞穗

6.罐裝咖啡：伯朗

7.牙膏：黑人牙膏

8.燕麥片：桂格

9.冷凍食品：桂冠

10.便利商店咖啡：City Café

11.電信：中華電信

12.衛生棉：蘇菲

13.高檔化妝保養品：雅詩蘭黛、SKII、蘭蔻

14.航空：.中華航空

15.運動用品：NIKE

16.小電鍋：象印

17.燕麥飲：純濃燕麥

18.吸塵器：Dyson

三.確保及持續第一品牌的領先對策

1.**提升產品力策略**：要持續提升產品力，包括：產品的品質、功能、設計、配方、成份、色系、耐用度、質感、好用度、省電、好感度等，並增強各方面的附加價值。

2.**提升服務力策略**：要持續提升各種服務水準的滿意度，包括：門市、客服中心、技術維修中心等。

3.**廣宣預算策略**：保持一定金額的廣宣預算投入，不可任意減少，尤其是電視廣告投入不可減少。

4.**找最佳代言人策略**：每年找到最適當、最佳的產品代言人，以其魅力及吸引力，維繫品牌力不墜。

5.**定價策略**：定價勿隨意提高，避免老顧客離開。

6.**加強社群媒體策略**：加強社群媒體操作，以吸引更多年輕粉絲，開發年輕新客群。

7.**通路商良好關係策略**：與各個大型通路商保持良好關係，以取得最佳的陳列位置及空間大小。

8.**適時促銷策略**：適時與通路商合作，進行促銷活動，以實際優惠回饋老顧客。

第一品牌的有利點

1	2
市占率最高！	擁有定價權！

3	4
擁有生產規模經濟！	擁有較高營收及獲利額！

確保第一品牌的8大策略

1. 提升產品力策略	2. 提升服務力策略	3. 廣宣預算策略
4. 找最佳代言人策略	5. 定價勿提高策略	6. 加強社群媒體策略
7. 與通路商保持良好關係策略	8. 適時促銷策略	

〈策略8〉
如何面對競爭對手的低價進逼競爭

一.低價競爭的目的

1.落後品牌要追趕及爭奪市占率。

2.不惜少賺錢或虧錢，也要搶得進入市場權。

3.要追上品牌的市場地位及排名。

4.先有量，才有價。銷售量出不來，一切都沒用。

二.案例

用低價格爭奪市場的案例有：

1.小米手機（針對iPhone、三星、SONY的高價手機）。

2.路易莎咖啡（針對星巴克的高價咖啡）。

3.台灣之星、亞太電信（針對中華電信、台灣大哥大、遠傳電信）。

4.味全康師傅泡麵低價改進臺灣泡麵市場（但失敗，已退回中國）。

三.因應低價進逼競爭的對策

1.價格暫時不動策略：觀察一段時間後，確認是否有不利影響，若有不利影響，再評估是否應調降價格。

2.推出副品牌策略：評估是否推出較低價格的副品牌來因應，避免用主品牌降價，將來主品牌價格無法拉高。

3.提升產品附加價值策略：持續提高此品牌的高附加價值，拉大與競爭對手間的差距，並產生產品差異化，降低低價格帶來的衝擊。

4.短期促銷策略：亦可利用短期促銷優惠活動來做因應，以減少衝擊。

5.採取價值競爭策略：持續以「價值競爭」來取代「價格競爭」，勿陷於低價格的廝殺戰場，人人都沒錢賺。

6.加強品牌忠誠度策略：要加強顧客的品牌忠誠度，以降低低價格的不利影響，也是一個長遠的因應對策。

低價競爭的目的

1. 要爭奪市占率！
2. 要搶得進入市場權！
3. 要追上前二大品牌排名！
4. 要先有量，才有價；量出不來，一切都徒勞！

因應低價競爭的對策

①
價格暫時
不動策略

②
推出副品牌
因應策略

③
提升產品
附加價值策略

④
短期促銷策略

⑤
採取價值
競爭策略

⑥
加強品牌
忠誠度策略

〈策略9〉
電視廣告效果何在，如何做好電視廣告的花費

一.臺灣電視媒體的現況

臺灣電視頻道，可區分為無線臺及有線臺，如下：

1.無線電視臺：台視、中視、華視、民視。

2.有線電視臺：TVBS、三立、東森、中天、緯來、福斯、八大、年代、民視、非凡、壹電視。

3.頻道類型：綜合臺、新聞臺、國片臺、洋片臺、戲劇臺、體育臺、日片臺、卡通臺、購物臺、新知臺等。

4.全部電視臺廣告量：無線臺約25億、有線臺約175億，合計200億廣告收入。

二.電視廣告效果何在

1.電視廣告因有全臺500萬家庭收視戶，及90%晚上開機率，故對打響或維持品牌知名度及喜愛度，是有直接且正面的影響及貢獻。

2.對業績則是有間接的影響。如果電視廣告不夠吸引人，無法引起共鳴，便不易提升業績；反之，如果電視廣告叫好又叫座，便可以大大提升業績。

3.一般來說，媒體代理商只會給品牌商GRP總收視點數的數字分析報告，代表此項廣告的曝光度及廣告播出總聲量，亦即有多少人看過這支廣告，以及看過多少次，但對於促購度則另須做市調查才知。

三.電視廣告的價格計算

1.一般以每10秒CPRP約1,000元～7,000元之間，視廣告淡旺季及各節目收視率高低而不同。例如：新聞臺收費最高，在5,000元～7,000元之間，其收視率最高；綜合臺收費在4,000元～5,000元之間，其收視率為次高。

2.所謂CPRP，即每一個1.0收視點數之成本價格。

四.電視廣告投放金額預算

每一波兩週的廣告播出，大約目標可達300個GRP點，花費約需500萬元。一年有好幾波播出，如果有六波，即代表一年需花費3,000萬元的電視廣告預算。

五.投放在哪些電視頻道及節目

1.若目標客群為40至50歲男性的產品，則廣告多放在新聞臺播出。例如：藥品、保健食品、預售屋、金融、電信、汽車、機車等。

2.若目標客群為30至50歲女性的產品，則廣告多在綜合臺、戲劇臺、國片臺、洋片臺播出。例如：化妝保養品、電信、精品、食品、飲料、日用品等。

國內電視廣告投放，以有線臺為主

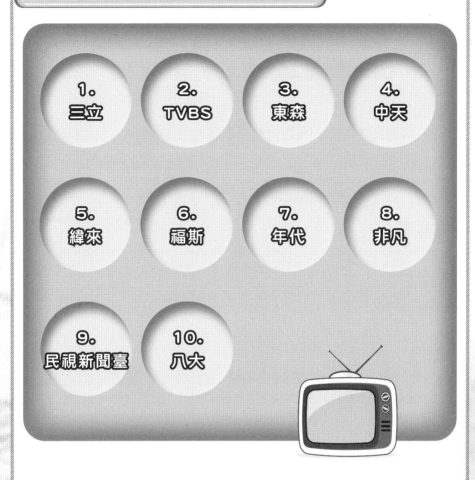

1. 三立

2. TVBS

3. 東森

4. 中天

5. 緯來

6. 福斯

7. 年代

8. 非凡

9. 民視新聞臺

10. 八大

電視廣告播放的2大效果

1 對品牌力提升，有直接正面影響！（可有效拉高品牌知名度、喜愛度）

2 對業績力提升，有間接正面影響！（影響大小仍須看廣告是否叫好又叫座，以及其他行銷4P因素影響）

〈策略10〉
傳統媒體廣告與數位媒體廣告預算比例如何配置

圖解行銷學

一.兩者的區別

　　1.傳統媒體廣告：電視、報紙、雜誌、廣播及戶外等傳統媒體，近幾年來，其廣告量都有明顯下滑趨勢，除了電視及戶外以外。

　　2.數位媒體廣告：Facebook、IG、YouTube、Google、LINE、部落格、新聞內容網站、時尚彩妝內容網站、親子網站、財經網站等，近幾年來都有大幅成長。

二.兩者配置比例

　　一般平均來說，在過去傳統與數位廣告之比例約為9：1，傳統廣告居多；現在大約5：5，已經拉平，未來可能會到4：6也說不定。最終的比例，仍要看效益、效果而決定。若數位廣告有效果，廣告量就會持續上升；反之，若傳統電視及戶外廣告仍有一些效果，其廣告量也會守住基本量。

三.看產品的年齡層

　　1.愈年輕化的產品，其運用數位廣告的機會就會愈大。例如：線上遊戲、化妝品、保養品、機車、電影、餐廳、食品、飲料、電競、電商等的數位廣告量及占比就會上升很多。

　　2.若產品銷售對象以中年人、老年人居多，其運用傳統媒體廣告機會就會愈大，例如：汽車、老人藥品、保健品、金融業、預售房屋、仲介房屋等。

傳統 vs. 數位媒體廣告

(一)傳統5大媒體

1. 電視
2. 報紙
3. 廣播
4. 雜誌
5. 戶外

(二)數位媒體(網路媒體)

1.FB	6.部落格
2.IG	7.新聞網站
3.YouTube	8.遊戲網站
4.Google	9.時尚彩妝網站
5.LINE	10.財經網站

傳統 vs. 數位廣告占比

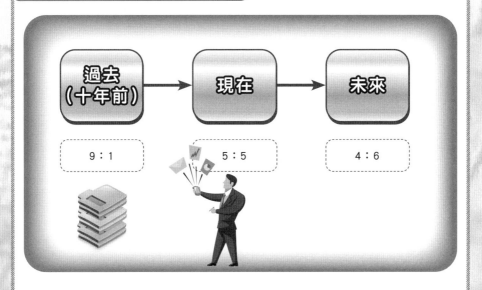

過去(十年前) → 現在 → 未來

9：1　　　5：5　　　4：6

〈策略11〉
業績不佳，如何提振

一.業績不振，須找出原因

　　Q：問題是什麼？

　　W：原因是什麼？為何？

　　A：對策是什麼？

　　R：結果、效果為何？

二.針對原因，有效對策

	原　　因	對　　策
產品力 （Product）	產品力原因：品質不穩定、設計不佳、功能不強、不好用、不耐用、不好看、不好吃等。	產品力對策：如何使品質更穩定、設計好看、功能更強、更好用、更好吃、更好看等。
品牌力 （Brand）	品牌力原因：缺乏品牌知名度、對品牌無信任感、對品牌無喜愛感。	品牌力對策：如何提振品牌知名度、喜愛度及建立信任感。
價格力 （Price）	價格力原因：價格偏高、價格不夠親民、CP值不高。	價格力對策：如何改善價格力，使價格可以降低、親民，提升消費者高CP值感受。
通路力 （Place）	通路力原因：主流通路不能上架、通路上架據點少、通路陳列位置不佳等。	通路力對策：如何加強在主流通路上架、增加上架通路據點、改善通路陳列位置。
服務力 （Service）	服務力原因：服務據點太少、服務速度太慢、服務品質不佳。	服務力對策：如何改善服務力、使服務據點加多、速度加快、品質拉升。
推廣力 （Promotion）	推廣力原因：廣告預算太少、人員銷售戰力不佳、門市太少、媒體宣傳太少、促銷太少。	推廣力對策：如何加強推廣力，包括：提高廣告預算、培訓銷售人員、拓展門市、加強媒體宣傳、加強促銷等。

利用Q→W→A→R，找出業績不振的原因

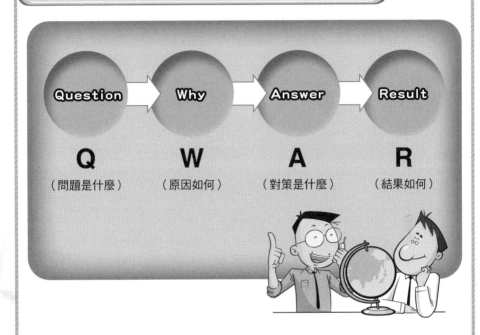

Question → Why → Answer → Result

Q（問題是什麼）　**W**（原因如何）　**A**（對策是什麼）　**R**（結果如何）

提振業績的7大努力面向

1. 產品力努力

2. 品牌力努力

3. 價格力努力

4. 通路力努力

5. 推廣、廣宣力努力

6. 服務力努力

7. 其他面向努力

〈策略12〉
面臨少預算的小企業，如何做行銷宣傳

圖解行銷學

一.少預算小企業的困境

1.缺乏足夠的資金做大企業規模。

2.缺乏行銷預算做好廣宣要求。

3.品牌知名度仍不足。

4.客群仍不夠大

5.營收規模仍小，獲利仍少，甚至虧錢。

6.少預算無法打電視廣告。

7.小企業老闆的現代化行銷觀念仍不足。

二.策略

1.口碑行銷策略：可加強運用人與人之間的親朋好友口碑相傳，或是運用社群媒體的口碑相傳或正評，傳播出去。

2.選擇低成本廣告策略：可運用相對低成本的公車廣告或戶外廣告。例如：一部公車登二面廣告約2萬元，若用25部公車跑一個月，則成本花費約50萬元，相對來說是比較便宜的。

3.門市廣告策略：亦可運用自己門市的店招牌做宣傳，因為門市都有自己公司或產品的名稱出現，這也是活廣告的一種。例如：路易莎咖啡、50嵐、八方雲集、星巴克等幾乎很少做任何廣告，但店招牌就是廣告的一種。

4.網紅宣傳策略：可運用自己認識的知名網紅KOL及KOC，或YouTuber做品牌宣傳影片或推薦貼文，吸引忠誠粉絲群，也是廣告的一種方式。

5.專注分眾（小眾）市場策略：小企業必然應先做分眾或小眾市場或縫隙市場，爾後再做大整個市場，這樣較容易成功。

6.話題行銷策略：小企業可利用某個當時的話題行銷，引起媒體報導機會，做大品牌宣傳。例如：「日出茶太」珍珠奶茶拓展海外50個國家6大洲市場，便引起諸多電視媒體的宣傳報導，凸顯品牌知名度。

小企業少預算的困境

> 1.缺乏行銷預算做好廣宣要求！

> 2.品牌知名度低！

> 3.營收規模仍小，可能仍虧損中！

> 4.小企業老闆的現代化行銷觀念仍不足！

小企業少預算的6大對策

1. 運用口碑行銷策略

2. 選擇低成本廣告策略

3. 運用門市廣告策略

4. 運用網紅宣傳策略

5. 專注分眾（小眾）市場策略

5. 運用話題新聞行銷策略

〈策略13〉
如何提振服務業門市店員、專櫃人員的銷售組織戰力

一.門市、專櫃人員銷售組織戰力不佳的原因與對策

		原　因	對　策
1.店長因素		缺乏好的、會領導的、會管理的、肯負責的、會經營的店長。	店長對策：加強尋找好的、優秀的店長。
2.店員因素		缺乏好的、會做生意的店員。	店員對策：加強尋找好的、會做生意的店員。
3.位址地點因素		店面位置處於不好的商圈地點。	位址地點對策：應盡快找到好商圈、好地點，有好地點才能做好生意。
4.獎金制度因素		缺乏具誘因及激勵人心的業績獎金制度。	獎金制度對策：盡快修正、改良業績獎金制度，以激發門市人員士氣。
5.升遷因素		缺乏好的、具激勵的升遷制度，一輩子都是門市人員。	升遷對策：盡快制定好的門市升遷制度，不必一輩子只能辛苦當店員。
6.訓練因素		訓練不足，不能成為好店長及好員工。	訓練對策：應加強店長、店員的訓練，做一個合格的現場人員。
7.SOP因素		現場缺乏SOP標準作業流程的規則與規範。	SOP對策：加速制定SOP規範，使有一致遵循的制度。

提振門市、專櫃人員銷售戰力的7大方向

1. 店長對策

2. 店員對策

3. 地點位址對策

4. 獎金制度對策

5.升遷制度對策

6. 訓練對策

7. SOP制度對策

服務業現場致勝的4大因素

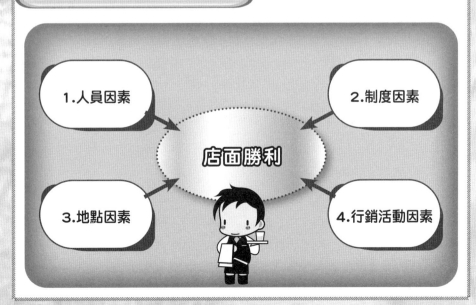

1.人員因素

2.制度因素

店面勝利

3.地點因素

4.行銷活動因素

〈策略14〉
任何市場行銷問題解決的根本對策

一.以顧客為中心的信念

圖解行銷學

在任何市場行銷中，顧客永遠都是最重要的，因此，必須有下列核心信念：

1.永遠以顧客為中心。

2.永遠貫徹顧客導向。

3.要融入顧客情境。

4.要不斷挖掘並滿足顧客的需求。

5.要比顧客還了解顧客。

6.顧客就是行銷的王道所在。

7.要以消費者的觀點出發。

8.滿足顧客的需求，永遠沒有止境。

9.要永遠走在顧客的最前面。

10.發現需求、滿足需求、創造需求。

二.要同步、同時做好行銷4P/1S組合戰略

1.產品力：要不斷做好提升產品力的努力，例如：品質、功能、等級、設計、包裝、品牌命名、成分、配方、好用、耐用、好看、好穿等。

2.價格力：定價務求要有物超所值感（高CP值）、高CV值、要合理等。

3.通路力：大小通路上架要普及、要有好的陳列區域及空間、虛實通路並進（OMO）等。

4.推廣力：務求廣宣預算足夠、公關媒體報導足夠、人員銷售戰力足夠、促銷活動足夠、體驗行銷足夠等。

5.服務力：務求高品質服務人員、快速回應、快速解決問題、有高級服務場所等。

以顧客為中心的信念

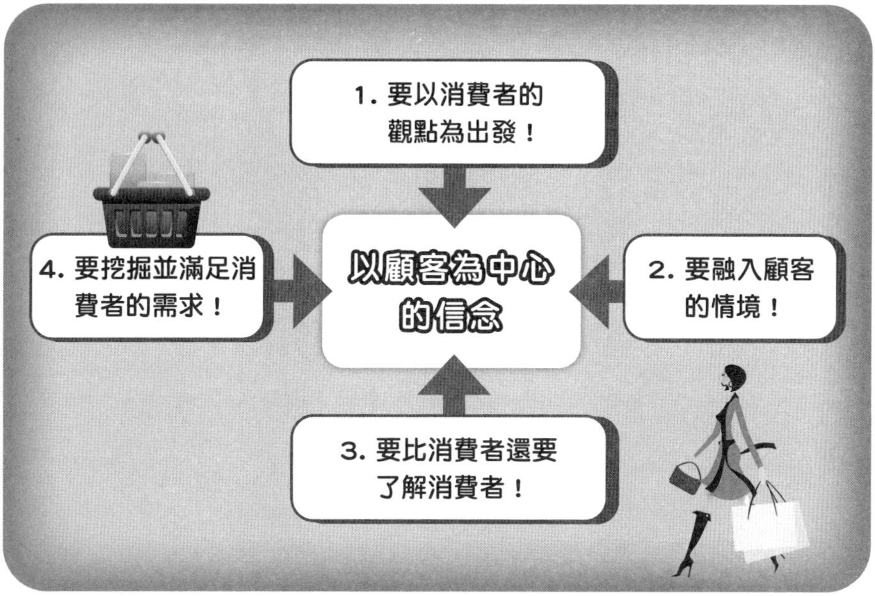

1. 要以消費者的觀點為出發！

4. 要挖掘並滿足消費者的需求！

以顧客為中心的信念

2. 要融入顧客的情境！

3. 要比消費者還要了解消費者！

要同步、同時做好行銷4P/1S組合戰略

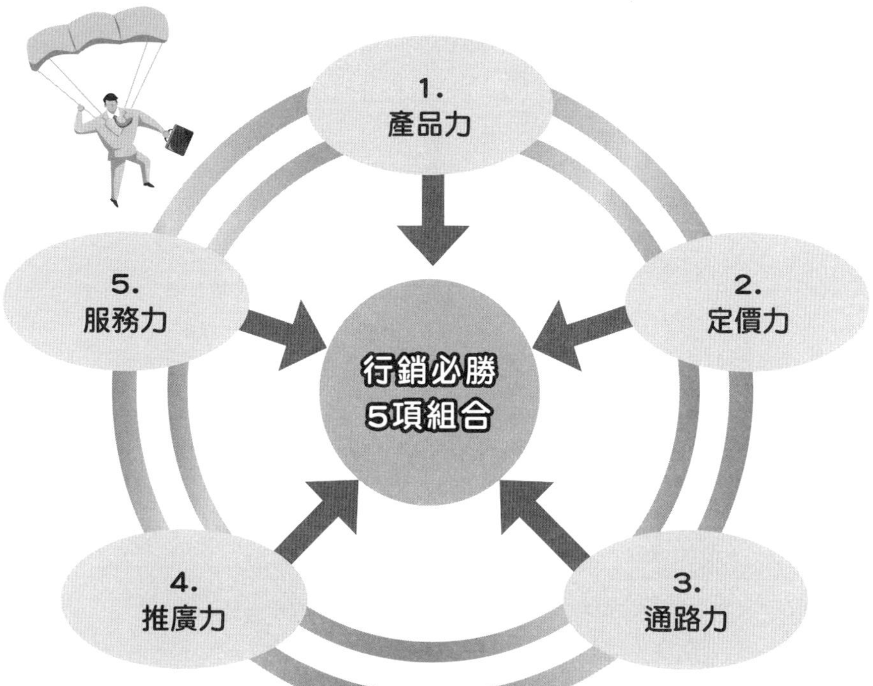

1. 產品力

5. 服務力

行銷必勝 5項組合

2. 定價力

4. 推廣力

3. 通路力

國家圖書館出版品預行編目資料

圖解行銷學/戴國良著. -- 五版. -- 臺北市：五
南圖書出版股份有限公司, 2022.04
　面；　公分
　ISBN 978-626-317-209-8(平裝)
　1.行銷學
　496　　　　　　　　　110015243

1FRH

圖解行銷學

作　　者 ─ 戴國良

發 行 人 ─ 楊榮川

總 經 理 ─ 楊士清

總 編 輯 ─ 楊秀麗

主　　編 ─ 侯家嵐

責任編輯 ─ 吳瑀芳

文字校對 ─ 許宸瑞

封面設計 ─ 王麗娟

出 版 者：五南圖書出版股份有限公司

地　　址：106台北市大安區和平東路二段339號4樓

電　　話：(02)2705-5066　　傳　　真：(02)2706-6100

網　　址：https://www.wunan.com.tw

電子郵件：wunan@wunan.com.tw

劃撥帳號：０１０６８９５３

戶　　名：五南圖書出版股份有限公司

法律顧問：林勝安律師事務所　林勝安律師

出版日期：2011年 8 月初版一刷
　　　　　2011年10月初版二刷
　　　　　2012年 7 月二版一刷
　　　　　2014年10月二版五刷
　　　　　2016年 3 月三版一刷
　　　　　2017年 2 月三版二刷
　　　　　2018年10月四版一刷
　　　　　2020年 9 月四版二刷
　　　　　2022年 4 月五版一刷

定　　價：新臺幣390元

經典永恆・名著常在

五十週年的獻禮 —— 經典名著文庫

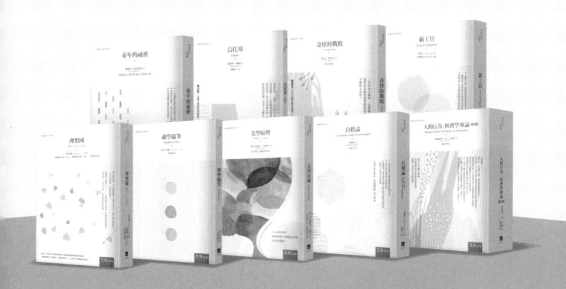

五南，五十年了，半個世紀，人生旅程的一大半，走過來了。

思索著，邁向百年的未來歷程，能為知識界、文化學術界作些什麼？

在速食文化的生態下，有什麼值得讓人雋永品味的？

歷代經典・當今名著，經過時間的洗禮，千錘百鍊，流傳至今，光芒耀人；

不僅使我們能領悟前人的智慧，同時也增深加廣我們思考的深度與視野。

我們決心投入巨資，有計畫的系統梳選，成立「經典名著文庫」，

希望收入古今中外思想性的、充滿睿智與獨見的經典、名著。

這是一項理想性的、永續性的巨大出版工程。

不在意讀者的眾寡，只考慮它的學術價值，力求完整展現先哲思想的軌跡；

為知識界開啟一片智慧之窗，營造一座百花綻放的世界文明公園，

任君遨遊、取菁吸蜜、嘉惠學子！